卓越电子工程师高职高专系列教材

U0159770

Altium Designer 原理图

与 PCB 设计实战攻略

廖 洁 邹振兴 林超文 编著

西安电子科技大学出版社

内 容 简 介

本书依据 Altium Designer 15 版本编写，详细介绍了利用 Altium Designer 15 实现原理图与印刷电路板 (PCB)设计的方法和技巧。全书共 10 章，主要内容包括 Altium Designer 安装、原理图设计、层次化原理图的设计应用、原理图验证与输出、元件库的管理、单片机系统 PCB 设计、STM32 核心板 PCB 设计、USB HUB 电路板设计、RTD271 液晶驱动电路板设计和 PCB 的后期处理等。本书与实践结合紧密，配有大量的示意图，以实用易懂的方式介绍印制电路板设计流程和电路综合设计的方法，通过实例详细介绍具体的应用技巧及操作方法。

本书可作为从事电路原理图与 PCB 设计相关工作的技术人员的参考资料，也可作为职业院校、技工院校及高等学校相关专业的教学用书，尤其适合作为从事 Altium Designer 平台设计的 PCB 工程师的工具书。

图书在版编目(CIP)数据

Altium Designer 原理图与 PCB 设计实战攻略 / 廖洁，邹振兴，林超文编著. --西安：西安电子科技大学出版社，2023.7
ISBN 978–7–5606–6838–3

Ⅰ.①A… Ⅱ. ①廖… ②邹… ③林… Ⅲ.①印刷电路—计算机辅助设计—应用软件
Ⅳ. ①TN410.2

中国国家版本馆 CIP 数据核字(2023)第 061285 号

策 划 李鹏飞
责任编辑 李鹏飞
出版发行 西安电子科技大学出版社(西安市太白南路 2 号)
电 话 (029)88202421 88201467 邮 编 710071
网 址 www.xduph.com 电子邮箱 xdupfxb001@163.com
经 销 新华书店
印刷单位 咸阳华盛印务有限责任公司
版 次 2023 年 7 月第 1 版 2023 年 7 月第 1 次印刷
开 本 787 毫米×1092 毫米 1/16 印张 12.5
字 数 292 千字
印 数 1～3000 册
定 价 35.00 元
ISBN 978–7–5606–6838–3 / TN
XDUP 7140001–1
如有印装问题可调换

前　言

随着电子设计自动化(EDA)技术的不断发展，EDA 工具的性能也在不断提高。Altium Designer 是原 Protel 软件开发商 Altium 公司推出的一体化的电子产品开发系统，通过把原理图设计、电路仿真、印刷电路板(PCB)绘制编辑、拓扑逻辑自动布线、信号完整性分析和设计输出等技术完美融合，为电路设计者提供全新的设计解决方案，使设计者可以轻松地进行设计。熟练使用该软件会使电路设计的质量和效率大大提高。

Altium Designer 是一个很好的科研和教学平台，通过该设计平台，初学者可以系统全面地掌握电子线路设计方法，也可以很容易地学习和使用其他厂商的相关 EDA 工具，比如 Allegro、Pads 等。Altium Designer 工具的人机交互功能特别强大，初学者在使用 Altium Designer 学习电子线路设计知识时，一些比较抽象的理论知识会变得浅显易懂。

本书是由高校教师与 PCB 设计工程师合力编写的、基于 Altium Designer 15 版本的进阶教材，全面兼容 Altium Designer 9 至 Altium Designer 14 版本。编者中的高校教师均为一线教学人员，具有丰富的教学经验与教材编写经验，能够准确地把握学生的学习心理与实际需求；编者中的 PCB 设计工程师具有丰富的实践经验，使得教材能够紧密结合具体项目，理论结合实例。书中处处凝结着教育者与工程师的经验与体会，贯穿着教学思想与工程经验，希望能够给广大读者提供一个简洁、有效的学习途径。

本书是编者在深入学习党的二十大报告精神后，以"实施科教兴国战略，强化现代化建设人才支撑"为指导，从实际出发编写的。在编写过程中，编者特别注重体现科教兴国思想、提高学生职业能力、启发学生创新思维，相信本书能为培养适应新时代发展和匹配现代化建设需求的人才发挥一定的作用。

本书由廖洁、邹振兴、林超文编著。其中第 1～6 章由廖洁执笔，第 7、8 章由邹振兴执笔，第 9、10 章由林超文执笔，全书由廖洁统稿。本书介绍的知识较新，加之时间仓促，因此书中难免存在疏漏和不足之处，恳请各位专家和读者提出宝贵建议。

编　者

2023 年 4 月于佛山

说　明

1. 本书部分图稿为软件仿真图(或 Protel 99SE 导出的原理图)，其图形符号与国家标准符号的对照关系见下表。

序号	名　称	国家标准画法	软件中的画法
1	发光二极管		
2	二极管		
3	三极管		
4	按钮开关		
5	开关		
6	电阻元件		
7	电感元件		
8	电解电容元件		
9	接地		
10	扬声器		
11	与门		
12	或门		
13	非门		

注：▮▮符号空心的▮是正极，斜线填充的▮是负极。

2. 文中提到的单击、双击、点击操作未说明鼠标左右键，均指通过鼠标左键单击、双击、点击。

目 录

第 1 章 Altium Designer 安装 1

　1.1 Altium Designer 15 软件的安装 1

　　1.1.1 推荐的计算机系统配置 1

　　1.1.2 软件安装步骤 2

　1.2 Altium Designer 设计流程简介 6

　1.3 Altium Designer 15 系统环境的设置 7

　　1.3.1 系统环境简介 7

　　1.3.2 系统环境设置 8

　1.4 导入、导出向导插件的安装 10

　1.5 个性启动显示的设置 11

　【本章小结】 12

第 2 章 原理图设计 13

　2.1 原理图的设计流程 13

　2.2 工程文件的管理 16

　　2.2.1 创建工程文件 16

　　2.2.2 创建原理图文件 18

　　2.2.3 创建 PCB 文件 18

　　2.2.4 创建原理图库文件 19

　　2.2.5 创建 PCB 元件库文件 19

　　2.2.6 文件关联方法 20

　　2.2.7 工程文件管理 20

　2.3 原理图工作环境的设置 21

　　2.3.1 设置原理图的常规环境参数 21

　　2.3.2 原理图图纸设置 22

　2.4 元件库的调用 25

　　2.4.1 元件库调用方法一 25

　　2.4.2 元件库调用方法二 26

　2.5 元件的放置 27

　2.6 元件的电气连接 29

　　2.6.1 放置导线 29

　　2.6.2 添加电气网络标签(Net Label) 29

　　2.6.3 放置电源和接地符号(Power Port) 30

　　2.6.4 放置总线(Bus) 31

　　2.6.5 连接总线(Bus Entry) 32

      2.6.6　操作 Port(端口) 32

      2.6.7　添加二维线和文字 34

      2.6.8　放置 NO ERC 检查测试点 35

  2.7　电源电路原理图的绘制 35

  2.8　CPU 电路原理图的绘制 39

  2.9　显示电路原理图的绘制 40

  【本章小结】 40

第3章　层次化原理图的设计应用 41

  3.1　层次化原理图设计的基本概念和组成 41

  3.2　层次化原理图的设计 42

      3.2.1　自上而下的层次化原理图设计 42

      3.2.2　自下而上的层次化原理图设计 50

  3.3　层次化原理图之间的切换 50

  3.4　层次结构的保留 53

  【本章小结】 54

第4章　原理图验证与输出 55

  4.1　原理图的电气检测及编译 55

  4.2　原理图智能 PDF 的输出 59

  4.3　原理图材料清单的输出 64

  4.4　原理图的打印 65

  【本章小结】 66

第5章　元件库的管理 67

  5.1　概论 67

  5.2　原理图库元件的绘制 68

      5.2.1　绘制单片机芯片 SAT89C51 元件 68

      5.2.2　绘制含有子元件的库元件——LM358 72

  5.3　SAT89C51 元件 PCB 封装的绘制 75

      5.3.1　手动绘制 SAT89 C51 元件的 PCB 封装(DIP40) 75

      5.3.2　自动绘制 LM 358 元件的 PCB 封装(SOP 8) 81

  5.4　对原理图元件添加封装 85

  5.5　集成元件库的创建 87

  【本章小结】 89

第6章　单片机系统 PCB 设计 90

  6.1　PCB 设计准备工作 92

  6.2　网络表的导入 96

  6.3　规则设置 97

  6.4　差分对的设置 104

      6.4.1　定义差分对 104

　　　6.4.2　设置差分对的规则 106

　　　6.4.3　布线差分对 109

　　6.5　PCB 模块化布局设计 109

　　6.6　PCB 覆铜处理 112

　　6.7　设计规则检查 113

　　【本章小结】 114

第 7 章　STM32 核心板 PCB 设计 115

　　7.1　STM32 核心板原理图的设计 115

　　7.2　STM32 核心板的 PCB 设计 117

　　　7.2.1　PCB 板框设置 117

　　　7.2.2　PCB 板层设置 118

　　　7.2.3　结构限制元器件布局 118

　　　7.2.4　电源模块化布局 119

　　　7.2.5　外围模块布局 119

　　　7.2.6　规则约束设置 120

　　　7.2.7　差分对的设置 120

　　　7.2.8　PCB 布线设计 125

　　　7.2.9　PCB 覆铜处理 125

　　　7.2.10　验证设计和优化 127

　　7.3　设计总结 128

　　　7.3.1　电源模块 128

　　　7.3.2　时钟电路(晶体) 129

　　　7.3.3　去耦电容 130

　　【本章小结】 131

第 8 章　USB HUB 电路板设计 132

　　8.1　USB HUB 原理图设计 132

　　8.2　USB HUB PCB 设计 133

　　　8.2.1　结构图导入 133

　　　8.2.2　PCB 板框设置 135

　　　8.2.3　结构限制元器件布局 135

　　　8.2.4　电路模块化布局 136

　　　8.2.5　规则约束设置 138

　　　8.2.6　差分对设置 143

　　　8.2.7　PCB 布线设计 148

　　　8.2.8　PCB 覆铜处理 149

　　　8.2.9　验证设计和优化 150

　　【本章小结】 151

第 9 章　RTD271 液晶驱动电路板设计 152

　　9.1　液晶驱动电路板设计 152

9.2 板框的设置 153

9.3 PCB 板层的设置 153

9.4 结构限制元器件布局 154

9.5 模块化布局 154

9.6 规则约束设置 164

9.7 PCB 布线设计 171

9.8 PCB 覆铜处理 171

9.9 元件参考编号的调整 173

9.10 验证设计和优化 176

【本章小结】 177

第 10 章 PCB 的后期处理 178

10.1 设计规则检查(DRC) 178

10.1.1 DRC 检查设置 178

10.1.2 DRC 检查报告 179

10.2 文件输出 180

10.2.1 光绘文件 180

10.2.2 钻孔文件输出 183

10.2.3 IPC 网表文件输出 183

10.2.4 贴片坐标文件输出 184

10.2.5 装配图输出 184

【本章小结】 191

参考文献 192

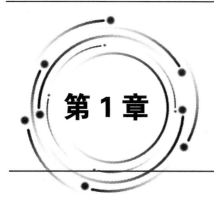

【学习目标】

	学 习 目 标	学 习 方 式	课　时
知识目标	(1) 熟知 Altium Designer 的安装方法 (2) 了解 Altium Designer 电路设计流程 (3) 熟知 Altium Designer 中英文界面的切换方法 (4) 熟知安装导入、导出向导插件的方法	教师讲授、答疑	2 课时
技能目标	(1) 能进行 Altium Designer 的安装 (2) 能进行 Altium Designer 中英文界面的切换 (3) 能安装导入、导出向导插件 (4) 能进行文件自动保存设置 (5) 会设置个性启动显示界面	学生上机操作，教师指导、答疑	

1.1　Altium Designer 15 软件的安装

为了使电路设计工作更高效、更快捷，建议使用高性能的计算机安装 Alium Designer 15 软件。

1.1.1　推荐的计算机系统配置

操作系统：Windows XP SP2 专业版或更高的版本。
处理器：英特尔酷睿 2 双核/四核 2.66 GHz 或更快速的处理器。
内存：2 GB 以上。
硬盘：至少需要 10 GB 硬盘剩余空间(安装＋用户档案)。
显示器：至少 1680×1050(宽屏)或 1600×1200 (4：3)屏幕分辨率。
显卡：NVIDIA 公司的 GeForce 80003 系列，256 MB 或更高。

端口：并行端口(连接 NanoBoard-NB 1)、USB 2.0 端口(连接 NanoBoard-NB 2)、Adobe Reader 软件 8 或以上 DVD 驱动器。

1.1.2　软件安装步骤

Altium Designer 15 的安装步骤与之前版本的基本一致，不同的是在安装程序包时，增加了软件包的选择项，所以对于一些不经常使用的模块，如仿真、FPGA 等可以不安装，直接选择默认的 PCB 设计基础模块即可。这样不仅可以减小软件的运行压力，还能提高软件的运行效率。

(1) 启动安装程序。在出现的"License Agreement"对话框中，选择接受协议选项"I accept the agreement"，如图 1-1 所示，然后单击"Next"按钮，进入下一个步骤。

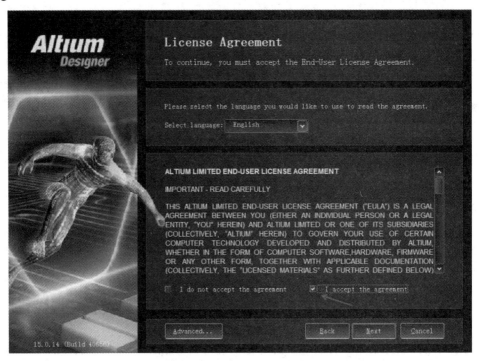

图 1-1　进入安装界面

在安装前，也可以在图 1-1 所示的界面中提前选择安装语言。软件安装界面提供三种语言，分别为英文、简体中文和日语，用户可以根据需要进行选择，如图 1-2 所示。

图 1-2　选择安装语言

(2) 选择模块。在图 1-3 所示的安装窗口中，选择需要安装的模块后，单击"Next"按钮，进入下一步骤。

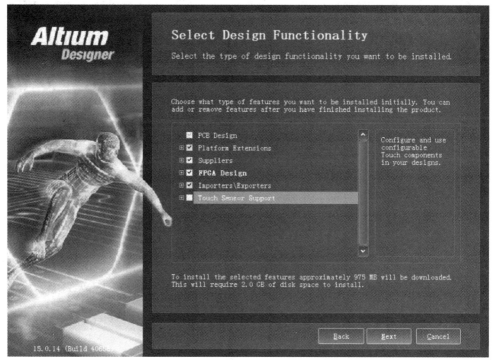

图 1-3   选择需要安装的模块

(3) 选择软件安装路径和共享文件路径。在图 1-4 所示界面中，选择软件安装路径和共享文件路径，单击 "Next" 按钮，进入准备安装界面，如图 1-5 所示。

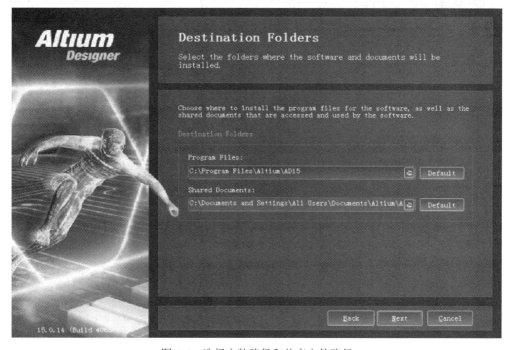

图 1-4   选择安装路径和共享文件路径

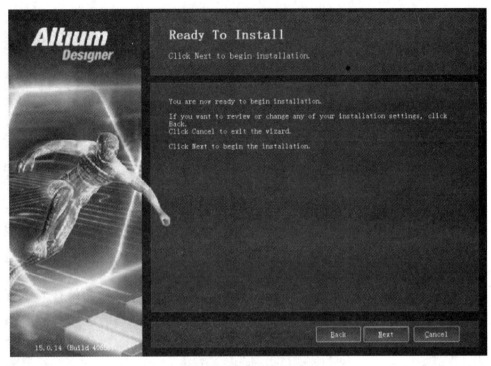

图 1-5　准备安装界面

(4) 安装。单击 "Next" 按钮，进行安装。安装进度显示如图 1-6 所示，其间无需进行设置，约 10 min 可完成安装。

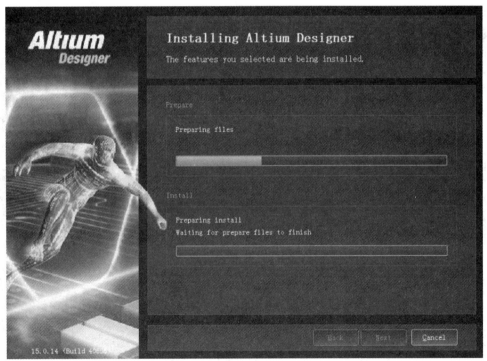

图 1-6　软件安装进度显示

（5）启动软件。单击"Finish"按钮完成安装，并启动软件，如图 1-7 所示。

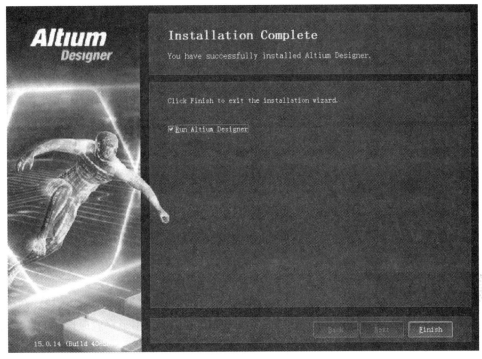

图 1-7　完成安装

（6）进入 License 管理界面。选择 DXP 菜单栏下的 My Account 窗口，如图 1-8 所示，进入 License 管理界面。

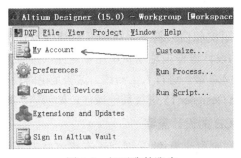

图 1-8　打开我的账户

（7）软件注册。通过加载本地 License 文件完成软件的注册和安装，如图 1-9 所示。

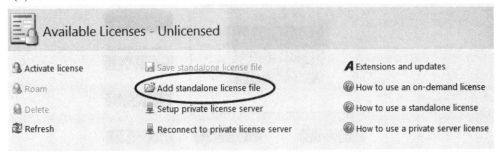

图 1-9　完成软件注册

1.2 Altium Designer 设计流程简介

1. 电路设计概念及步骤

电路设计是指实现一个电子产品从设计构思、电学设计到物理结构设计的全过程。电路设计有以下 5 个基本步骤。

1) 原理图设计

原理图设计主要是利用 Altium Designer 15 中的原理图设计系统来绘制一张电路原理图。在这一步中，可以充分利用 Altium Designer 15 软件所提供的各种原理图绘图工具、丰富的在线库、宏大的全局编辑能力以及便利的电气规则检查功能，来达到设计目的。

2) 电路信号仿真

电路信号仿真是原理图设计的扩展，可为用户提供一个完整的、从设计到验证的仿真设计环境，并为用户提供一个完整的前端设计方案。

3) 产生网络表及其他报表

网络表是电路板布线的灵魂，也是原理图设计与印制电路板设计的主要接口。网络表可以从电路原理图中获得，也可以从印制电路板中提取。其他报表用于存放原理图的各种信息。

4) 印制电路板设计

印制电路板设计是电路设计的最终目标。利用 Altium Designer 15 的强大功能可完成电路板的版面设计、高难度的布线设计及报表输出等工作。

5) 信号完整性分析

Altium Designer 15 包含一个高级信号完整性仿真器，能分析 PCB 的合理性和检查设计的参数(测试过冲、下冲、阻抗和信号斜率，以便及时修改设计参数)。

概括地说，整个电路的设计过程先是编辑电路原理图，接着通过电路信号仿真进行验证调整，然后进行网络表的导入，最后进行人工布线。这些是电路设计中最基本的步骤。除了这些，用户还可以使用 Altium Designer 15 进行其他操作，如创建、编辑元件库和封装零件等。

2. Altium Designer PCB 的设计流程

Altium Designer PCB(印制电路板)的常规设计流程可分为 9 个步骤，如图 1-10 所示。

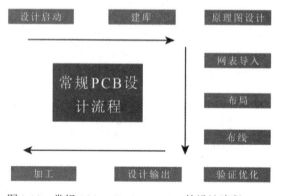

图 1-10 常规 Altium Designer PCB 的设计流程

(1) 设计启动：在设计前期进行产品特性评估、元件选型、逻辑关系验证等工作。

(2) 建库：根据元件手册进行逻辑零件库和 PCB 封装库的创建。

(3) 原理图设计：通过原理图编辑工具进行原理图功能设计。

(4) 网表导入：把原理图功能的连接关系通过网络表导入到 PCB 设计的过程。

(5) 布局：结合相关原理图进行交互布局及细化布局工作。

(6) 布线：通过布线命令完成相关电气特性的布线设计。

(7) 验证优化：验证 PCB 设计中的开路、短路、DFM 和高速规则。

(8) 设计输出：在完成 PCB 设计后，输出光绘、钻孔、钢网、装配图等生产文件。

(9) 加工：输出光绘文件到 PCB 工厂，进行 PCB 生产；输出钢网、元件坐标文件、装配图到 SMT 工厂，进行贴片焊接作业。

1.3　Altium Designer 15 系统环境的设置

1.3.1　系统环境简介

Altium Designer 设计环境由以下两个主要部分组成：

(1) Altium Designer 主要文档编辑区域，即工作区，如图 1-11 右边所示。

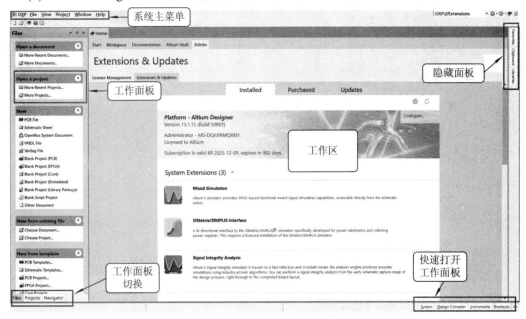

图 1-11　Altium Designer 设计界面

(2) 工作面板。Altium Designer 有很多操作面板，默认设置的一些面板放置在应用程序的左边，放置在右边的一些面板可以通过弹出的方式打开。这些面板中，一些面板呈浮动状态，一些面板则为隐藏状态，均可以在界面的右下角打开。

如果要移动单个面板，可单击并按住面板名称；若要移动一套面板，则需要单击并按住面板标题栏，按住“CTRL”键可避免面板重叠。要将面板悬停模式更改为弹出模式，需要单击面板顶部的管脚小图标；要恢复悬停模式，再次单击管脚图标即可。

1.3.2　系统环境设置

用鼠标点击 DXP 菜单下的"Preferences"选项，进入系统环境设置窗口，如图 1-12 和图 1-13 所示。

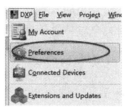

图 1-12　选择"Preferences"选项

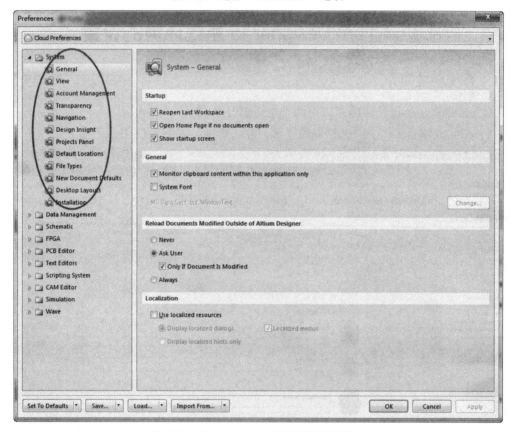

图 1-13　"Preferences"系统环境设置窗口

全局系统参数可以在 Altium Designer 环境下被定义，包括资料备份和自动保存、系统字体使用、工程面板显示，环境查看参数包括弹出和隐藏面板、控制接口等。

此处仅介绍在平时设计时经常使用的设置。

1．中英文界面切换

打开系统设置选项"General"，勾选"Use localized resources"进行本地化设置。单击保存后，在下一次启动 Altium Designer15 软件时，软件的汉化设置就可生效。图 1-14 所示为软件汉化设置界面，图 1-15 所示为软件汉化后的效果。

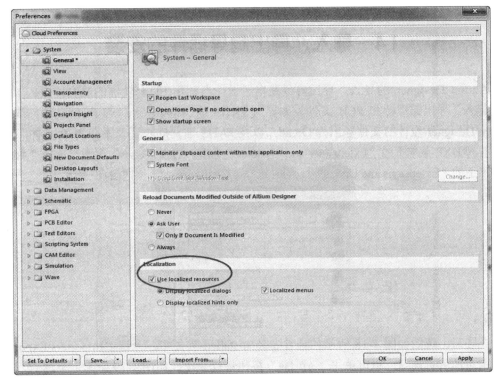

图 1-14　软件汉化设置

图 1-15　软件汉化效果

2. 文件自动保存

系统默认无论初始用户是否执行文件保存操作，文件都将保存在历史文件夹中，作为一个备份。默认值是建立一个历史文件夹在当前激活的项目文件夹下，去设置一个可选的中央文件夹来打开参数对话框中版本控制的本地历史页。历史文件显示在 Storage Manager 面板上的历史部分中。

3. 系统设置的复用

Preferences 系统设置中的所有设置项，都可以导出一个后缀名为 .DXPPrf 的配置文件，这个文件可以直接加载到其他计算机中的 Altium Designer 软件中，设计师在更换计算机时，不用重复对软件进行配置，如图 1-16 所示。也可以使用"Import From..."按钮导入较早版本的 Preferences 系统设置。

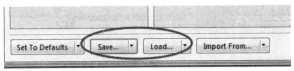

图 1-16　Preferences 系统设置复用

1.4　导入、导出向导插件的安装

Altium Designer 的导入、导出向导是电子设计自动化(EDA)软件的最大特点之一，它支持导入、导出原理图和 PCB 文件，如导入 PADS 或 Allegro 平台的 PCB 文件，或者将 Altium Designer 设计的文件导出为 Orcad，以及 PADS 等支持的原理图和 PCB 文件。

打开 DXP 菜单下的"Extensions and Updates"选项，进入"User"页面，选择"Admin"选项卡下的"Extensions and Updates"，同时选择"Configure…"，如图 1-17 所示。

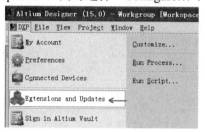

图 1-17　插件更新界面

在随后出现的如图 1-18 所示的插件安装 Installed 界面中，全选"Importers\Exporters"选项卡下的所有选项，也可单击"All On"按钮进行全选，如图 1-19 所示。全选后，再单击"Apply"按钮确定插件安装，如图 1-20 所示。

Installed	Purchased	Updates

Installed" Configure Platform　　　　　　　　　　　　　　SettingRefres

Platform　　　　　　　　　　　　　　　　　　　　　　　　　　Apply

PCB Design　　　　　　　　　　　　　　　　　　　　　　　All On
☑ IPC Footprint Wizard
　　IPC Footprint Wizard.

Platform Extensions　　　　　　　　　　　　　　　　　　　All On

☐ Embedded　　　　　　　　　　　　　　☑ Mixed Simulation
Core functionality support for the TASKING　　Altium's simulator provides SPICE-based functional
technologies within Altium Designer.　　　　mixed-signal simulation capabilities, accessible
　　　　　　　　　　　　　　　　　　　　directly from the schematic editor.

☑ Signal Integrity　　　　　　　　　　　☑ SIMetrix
Altium's Signal Integrity simulator for reflection　　A bi-directional interface to the
and crosstalk analysis, accessible from the　　SIMetrix/SIMPLIS® simulator specifically developed
schematic and PCB editors.　　　　　　　for power electronics and switching power

Suppliers　　　　　　　　　　　　　　　　　　　　　　　All On
☑ Allied　　　　　　　　　　　　　　　☑ Arrow
Allied data supplier for Altium Designer.　　Arrow data supplier for Altium Designer.
☑ DigiKey　　　　　　　　　　　　　　☑ Farnell
DigiKey data supplier for Altium Designer.　　Farnell data supplier for Altium Designer.
☑ Mouser　　　　　　　　　　　　　　☑ ODBC
Mouser data supplier for Altium Designer.　　ODBC data supplier for Altium Designer.
☑ RS-Components　　　　　　　　　　　☑ TME
RS data supplier for Altium Designer.　　　TME data supplier for Altium Designer.

FPGA Design　　　　　　　　　　　　　　　　　　　　　All On
☑ Configurable Components　　　　　　　☑ Virtual Instruments
Various FPGA components that are configurable once　　Access and use various virtual instruments in your
placed in schematic documents.　　　　　FPGA designs.

Importers\Exporters　　　　　　　　　　　　　　　　　　All On

图 1-18　插件安装 Installed 界面

图 1-19　全选"Importers\Exporters"选项卡下的选项

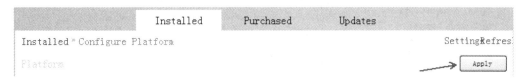

图 1-20　确定插件安装

在随后弹出的如图 1-21 所示的应用改变询问对话框中，单击"OK"按钮进行应用安装。安装完毕后软件会自动进行重启。

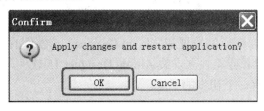

图 1-21　应用改变询问对话框

在安装导入、导出插件前，建议用户先关闭杀毒软件。

提示

1.5　个性启动显示的设置

Altium Designer 软件默认显示的是用户上次关闭软件时显示的文件，对一些大型文件可能会影响软件启动速度，用户可以设定是否要开启，具体操作如下：

单击 DXP 菜单栏下的"Preferences"，打开系统参数设置界面，将左边的"System"参数项目录树展开，选择"General"设置选项卡，在右边的"Startup"设置栏内有 Reopen Last Workspace (打开上一次工作桌面)、Open Home Page if no documents open (如果没有，则打开 Home 主页)、Show startup screen (显示启动屏)三个选项栏，选择相应的功能即可，如图 1-22 所示。

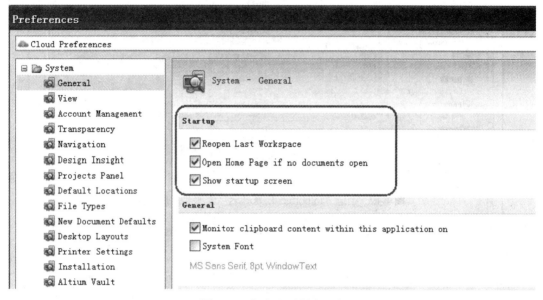

图 1-22　启动显示设置界面

【本 章 小 结】

本章向读者介绍了 Altium 的发展和 Altium Designer 15 软件的安装方法及设计流程。

通过本章的学习，读者应能独立安装 Altium Designer 15 软件，并对 Altium Designer 15 软件的应用和功能特点有一个初步的了解。

第 2 章

原理图设计

【学习目标】

学　习　目　标		学　习　方　式	课　时
知识目标	(1) 熟悉电路设计概念 (2) 熟悉原理图设计流程 (3) 熟悉工程文件管理 (4) 熟悉 51 单片机系统电路原理图的绘制和检查	教师讲授	4 课时
技能目标	(1) 掌握原理图设计流程 (2) 能进行工程文件管理 (3) 能进行原理图工作环境设置 (4) 能进行元件库调用 (5) 能进行元件放置 (6) 能进行元件的电气连接 (7) 能绘制电源电路原理图 (8) 能绘制单片机电路原理图 (9) 能绘制显示电路原理图	学生上机操作,教师指导、答疑	

2.1　原理图的设计流程

本章以 51 单片机开发板的设计为案例,其原理图如图 2-1 所示,元件清单如表 2-1 所示。

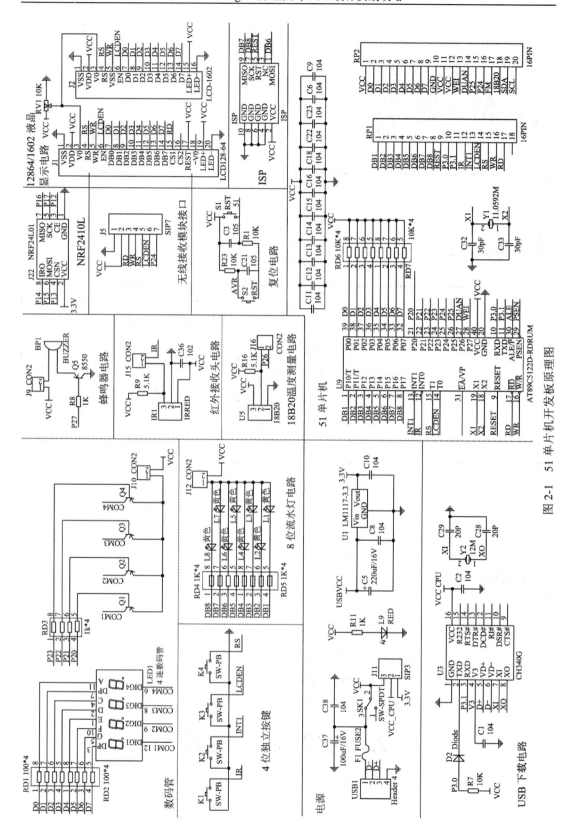

图 2-1　51 单片机开发板原理图

表 2-1　51 单片机开发板元件清单

序号	名　称	元 件 封 装	数量	元 件 编 号
1	电容	0402C/0805C	24	C1，C2，C3，C6，C8，C9，C10，C11，C12，C13，C14，C15，C16，C18，C21，C22，C23，C28，C29，C32，C33，C36，C38/C5
2	电阻	0402R	7	R1，R7，R8，R9，R11，R16，R23
3	排阻	0603RA	7	RD1，RD2，RD3，RD4，RD5，RD6，RD7
4	电解电容	cpcsm-3r2x8r0-1	1	C37
5	二极管	1206D	1	D2
6	保险丝	1206F	1	F1
7	红外接收器	HDR1X3	1	IR1
8	轻触开关	SW-PB	4	K1，K2，K3，K4
9	黄色 LED	0805D	8	L1，L2，L3，L4，L5，L6，L7，L8
10	红色 LED	0805D	1	L9
11	4 段数码管	3416bs	1	LED1
12	三极管	SOT323	5	Q1，Q2，Q3，Q4，Q5
13	喇叭	BUZZER	1	BP1
14	晶振	CO2-5R0X11R5-V	2	Y1，Y2
15	16PIN 座子	HDR1X18	1	RP1
16	20PIN 座子	HDR1X20	1	RP2
17	可调电阻	RV1	1	RV1
18	拨码开关	SS-12F44	1	SK1
19	LM1117-3.3	SOP-223-3L	1	U1
20	CH340G	FPC-SO16-150	1	U3
21	18B20	HDR1X3	1	U5
22	AT89C5122D-RDRUM	DIP40	1	U9
23	USB	USB_A	1	USB1
24	ISP	CON20VS2R00-2X5TM-1	1	ISP
25	LCD128-64	HDR1X20	1	J1
26	LCD-1602	HDR1X16	1	J2
27	SIP7	HDR1X7	1	J5
28	CON2	HDR1X2	5	J9，J10，J12，J15，J16
29	SIP3	HDR1X3	1	J11
30	NRF24L01	CON20VP2R54-2X4TM	1	J22

原理图设计流程分为 7 个步骤，如图 2-2 所示。

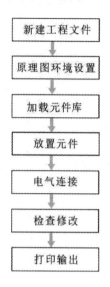

图 2-2　原理图设计流程

原理图设计是电路设计的第一步，其正确与否直接关系到整个电路设计的成功与失败。为了方便读图，原理图的美观、清晰和规范十分重要。

2.2　工程文件的管理

在 Altium Designer15 软件中，一个工程中应包括一个设计中所有文件之间的关联和设计的相关设置。工程文件，例如 Demo.PrjPCB，是一个 ASCII 文本文件，包括工程里的文件和输出的相关设置。与工程无关的文件被称为"自由文件"。本节以 PCB 工程的创建过程为例，介绍创建工程文件，创建一个新的原理图并加入新创建的工程中，创建一个新的 PCB(文件)加入工程中，创建原理图库文件，创建 PCB 元件库文件，以及文件关联方法和工程文件的管理。

2.2.1　创建工程文件

创建一个全新工程文件的具体操作步骤：

第一步，执行命令【File】→【New】→【Project】→【PCB Project】，在弹出的 New Project 对话框中创建一个全新的工程文件，如图 2-3 所示。

➢ "Project Templates" 项目模板选择 Default。

➢ Location(文件路径)选择项目工程文件的保存路径，如 D:\temp。

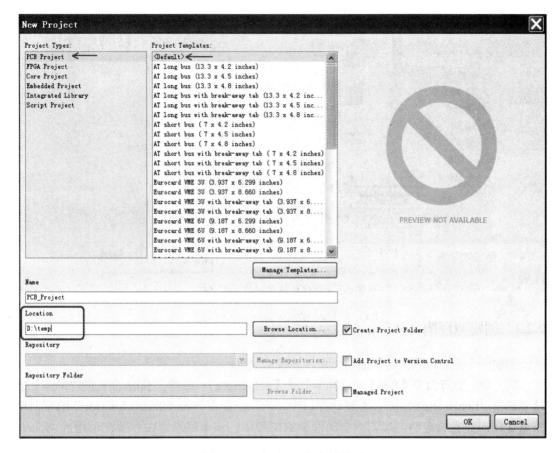

图 2-3　新建项目工程文件界面

第二步，在弹出 Projects 面板框中，一个新的工程文件"PCB_Project1.PrjPCB"已经列于面板框中，并且不带有任何文件，如图 2-4 所示。

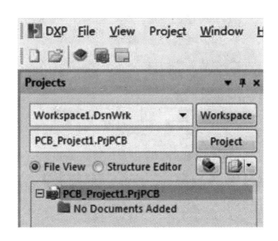

图 2-4　新建工程文件

第三步，重新命名工程文件(用扩展名.PrjPcb)，执行命令【File】→ 【Save Project As】，在"文件名(N)"中输入工程名"Demo.PrjPcb"，单击"保存(S)"按钮，如图 2-5 所示。

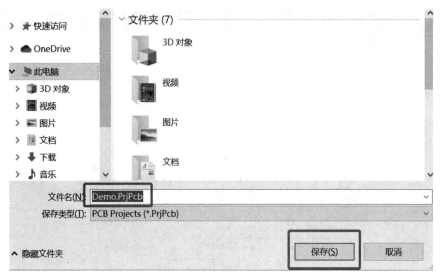

图 2-5　保存重新命名的工程文件

2.2.2　创建原理图文件

创建一个全新原理图文件的具体操作步骤：

第一步，执行命令【File】→【New】→【Schematic】，或者在 Files 面板的"New"选项中单击"Schematic Sheet"，在设计窗口中将出现一个命名为"Sheet1.SchDoc"的空白电路原理图，并且该电路原理图会自动添加到工程中。该电路原理图存放在工程的 Source Documents 目录下。

第二步，执行命令【File】→【Save As】，可以对新建的电路原理图重新命名，并且保存到用户指定的硬盘，如输入文件名字"Demo.SchDoc"并且点击"保存(S)"按钮，如图 2-6 所示。

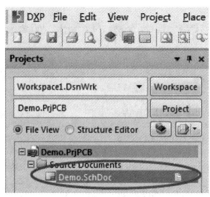

图 2-6　新建原理图文件

2.2.3　创建 PCB 文件

创建一个全新命令 PCB 文件的具体操作步骤：

第一步，执行命令【File】→【New】→【PCB】，新建一个命名为"PCB1.PcbDoc"的空白 PCB 文件，该 PCB 文件将自动添加到工程中。

第二步，执行命令【File】→【Save As】，对新建的 PCB 文件重新命名，并且保存到用户指定的硬盘，如输入文件名字"Demo.PcbDoc"并且点击"保存(S)"按钮，如图 2-7 所示。

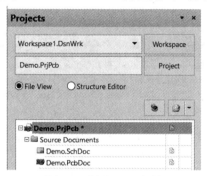

图 2-7　新建 PCB 文件

2.2.4　创建原理图库文件

创建一个全新原理图库文件的具体操作步骤：

第一步，执行命令【File】→【New】→【Library】→【Schematic Library】，新建一个命名为"SchLib1.SchLib"的原理图库文件。

第二步，执行命令【File】→【Save As】，对新建的原理图库文件重新命名，并保存到用户指定的硬盘，如输入文件名字"Demo.SchLib"，并且点击"保存(S)"按钮，如图 2-8 所示。

图 2-8　新建原理图库文件

2.2.5　创建 PCB 元件库文件

创建一个全新 PCB 元件库文件的具体操作步骤：

第一步，执行命令【File】→【New】→【Library】→【PCB Library】，新建一个命名为 "PCBLib1.PcbLib" 的 PCB 元件库文件。

第二步，执行命令【File】→【Save As】，对新建的 PCB 元件库文件重新命名，并保存到用户指定的硬盘，如输入文件名字 "Demo. PcbLib" 并且点击 "保存(S)" 按钮，如图 2-9 所示。

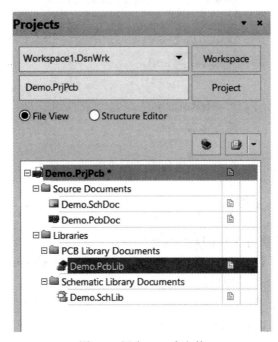

图 2-9　新建 PCB 库文件

2.2.6　文件关联方法

工程文件关联的方法除了采用在工程文件下建立其设计文件外，还有更加便捷的方法使文件进行关联。

如果是电脑本地已经有的文件，则可以通过在工程文件名上点击鼠标右键并且在工程面板中选择 "Add Existing to Project" 选项，再选择相应的文档并点击 "Open" 按钮。如果已经打开了某个子文件，则可以用鼠标拖拽相应文档到工程文档列表中的面板中。

同样，要把子文件移出工程文件，也可以通过鼠标拖拽方法从工程文件中拖出或者采用 "Remove From Project" 功能选项完成。

2.2.7　工程文件管理

工程文件体现的只是一个工程的文件关联关系，具体的文件在电脑本地的存储路径可以是任意的，但是为了方便文件管理，这里推荐一个在电脑本地的存储管理方法。如图 2-10 所示，"demo" 是项目名称，五个文件夹可以分别放置设计说明或过程记录文件、库文件、PCB 文件、工程 PRJ 文件和原理图文件。

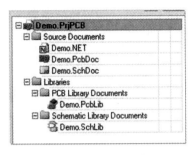 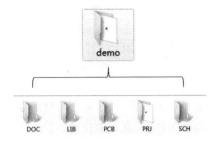

工程文件关联管理示例　　　　　　　　　　电脑本地文件管理示例

图 2-10　文件管理示例

2.3　原理图工作环境的设置

原理图工作环境设置主要指软件环境参数和图纸的设置。绘制原理图首先要设置原理图绘制的工具，然后设置图纸的大小、设计单位等信息。

2.3.1　设置原理图的常规环境参数

在电路原理图编辑窗口，执行命令【Tools】→【Schematic Preferences】，打开原理图环境参数设置窗口，如图 2-11 所示。用户可以根据自己的设计习惯修改参数，保存后就可以使其生效。

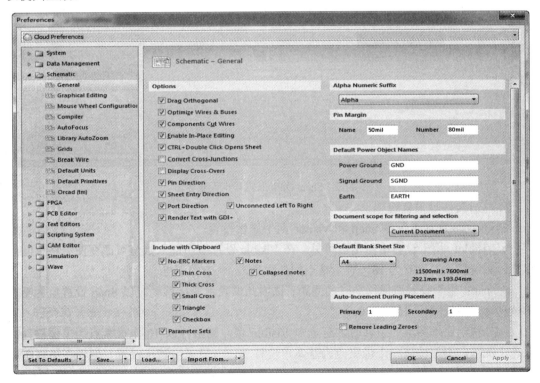

图 2-11　原理图环境参数设置窗口

如果没有特殊的要求，可以使用 Altium Designer15 软件默认的设置就能满足设计要求。

2.3.2　原理图图纸设置

在电路原理图编辑窗口，执行命令【Design】→【Document Options...】，弹出图纸属性设置对话框，对话框中有 4 个选项卡设置。

1）Sheet Options 选项卡设置

Sheet Options 选项卡用于设置格点大小和图纸大小，格点大小和图纸大小设置也是在项目过程中常用到的选项，如图 2-12 所示。

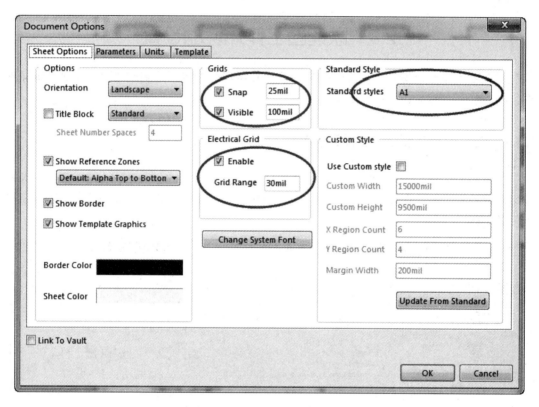

图 2-12　Sheet Options 选项卡设置界面

（1）Grids 区域设置选项。

Grids 区域选项中包括 Snap 和 Visible 两个属性设置。

● Visible：用于设置格点是否可见。在 Visible 设置框中键入数值可改变图纸格点间的距离，系统默认的设置为 10，表示格点间的距离为 10 个像素点。

● Snap：用于设置游标移动时的间距。选中此项表示游标移动时以 Snap 设置值为基本单位移动，系统默认设置是 10。

例如移动原理图上的组件时，若选中 Visible 项，则组件以 10 个像素点为单位移动；未选中此项，则组件以一个像素点为基本单位移动。一般采用默认设置，便于在原理图中对齐组件。

(2) Electrical Grid (区域设置选项)。

Electrical Grid 区域选项中有 Enable 复选框和 Grid Range 文本框，用于设置电气节点。如果选中 Enable，在绘制导线时，系统会以 Grid Range 文本框中设置的数值为半径，以游标所在位置为中心，向周围搜索电气节点，如果在搜索半径内有电气节点，游标会自动移到该节点上。如果未选中 Enable，则不能自动搜索电气节点。

(3) Standard Style(图纸大小选择)。

用户可以根据项目的具体情况选择合适大小的图纸编辑区域，也可以勾选"Use Custom style"自定义图纸大小。

2) Parameters 选项卡的设置

Parameters 选项卡主要是为了选择项目设计相关信息记录，这些信息将在图纸模板信息中体现，见图 2-13，主要包含的信息如下：

(1) Address1：图纸设计者或公司地址，第一栏。

(2) Address2：图纸设计者或公司地址，第二栏。

(3) Address3：图纸设计者或公司地址，第三栏。

(4) Address4：图纸设计者或公司地址，第四栏。

(5) ApprovedBy：审核单位名称。

(6) Author：绘图者姓名。

(7) DocumentNumber：文件号。

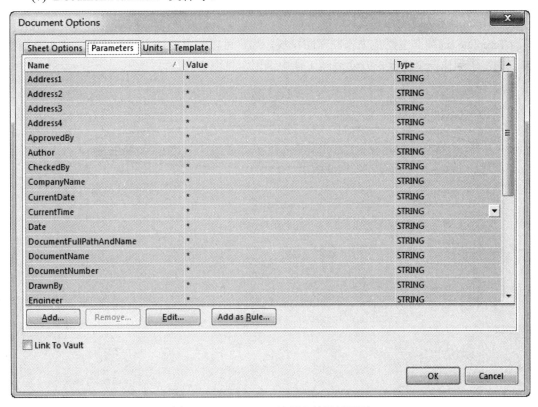

图 2-13　Parameters 选项卡的设置界面

3) Units 选项卡的设置

Units 选项卡主要是选择设计单位，可以选择公制或者英制单位，见图 2-14。

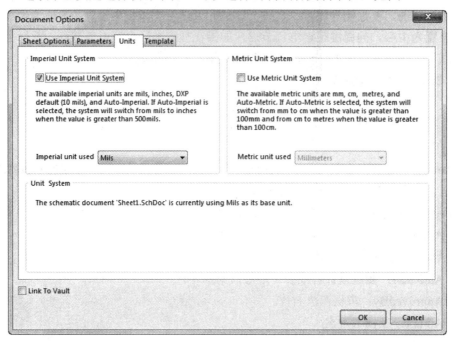

图 2-14　Units 选项卡的设置界面

4) Template 选项卡的设置

Template 选项卡主要是选择原理图模板，用户可以选择软件自带的模板，也可以根据自己的需求制作一个模板，方便后续工作中调用，见图 2-15。

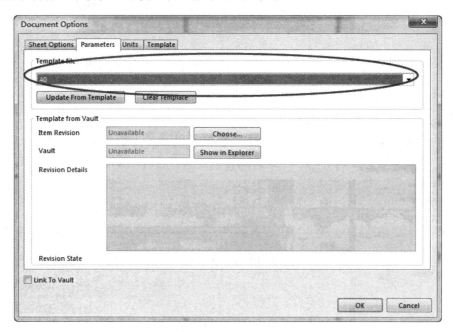

图 2-15　Template 选项卡的设置界面

2.4　元件库的调用

2.4.1　元件库调用方法一

(1) 执行菜单命令【Design】→【Add/Remove Library】，如图 2-16 所示。

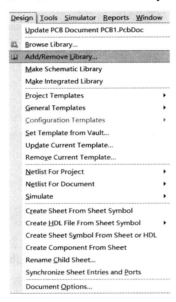

图 2-16　Design 选项设置界面

(2) 在弹出的对话框中，用鼠标点击"Add Library"，选择 *.SCHLIB 后缀的文件格式，添加已准备好的 SCH Library，用鼠标点击"打开"即可，如图 2-17 所示。

图 2-17　Add/Remove Library 选项卡的设置界面

2.4.2　元件库调用方法二

（1）在原理图右下角找到"System"选项后单击，在弹出的选项框中，勾选"Libraries"面板项，如图 2-18 所示。

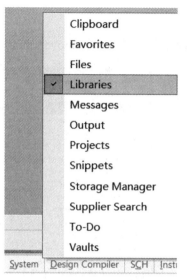

图 2-18　System 选项界面

（2）在弹出的 Libraries 对话框中，单击方框内的"Libraries…"，在弹出来的 Available Library 对话框中，单击"Add Library…"，如图 2-19 所示。

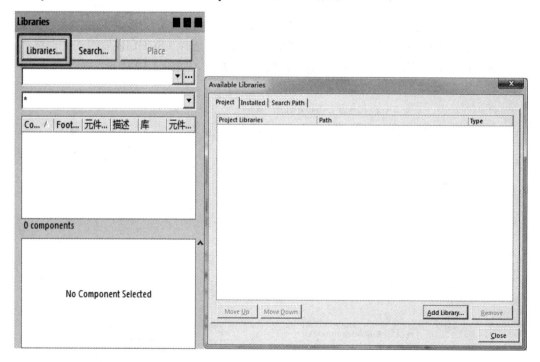

图 2-19　添加 Library 选项卡设置界面

(3) 同样的如方法一，选择*.SCHLIB 后缀的文件格式，添加已准备好的 SCH Library，点击"OK"按钮即可，如图 2-20 所示。

图 2-20　添加 SCH Library 选项卡设置界面

2.5　元件的放置

(1) 在电路原理图编辑窗口，执行快捷键"P + P"或执行【Place】命令，在其附属子菜单中点击选择"Part…"，如图 2-21 所示。

图 2-21　执行放置元件命令

(2) 在弹出的 Place Part 对话框中，选择"Choose"即可，如图 2-22 所示。

图 2-22　　Place Part 对话框

(3) 在弹出的 Browse Libraries 对话框中，选择所需要的元件型号后点击"OK"按钮即可，如图 2-23 所示。

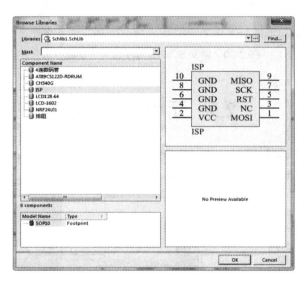

图 2-23　　选择元件

(4) 在点击"OK"按钮后，元件就会放置到鼠标点击处，如图 2-24 所示。

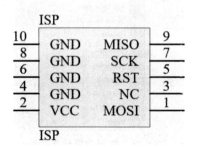

图 2-24　　放置元件

2.6　元件的电气连接

2.6.1　放置导线

执行菜单命令【Place】→【Wire】，或单击工具栏 ![icon] 图标，或按快捷键"P＋W"进入导线连接状态，如图 2-25 所示。

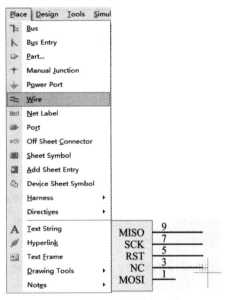

图 2-25　放置电气连接导线

放置导线操作步骤如下：

第一步，在原理图中，单击一个元件的管脚电气连接点，在出现光标符号后，就开始这条导线的连接。

第二步，将光标移动到另一个元件的管脚电气连接点，再次单击鼠标左键则结束这条导线的绘制工作。

注意：结束一条导线的连接后并没有退出导线连接状态，还可继续连接其他元件的导线，如需要退出可单击鼠标右键或按"ESC"键，则退出当前状态。

2.6.2　添加电气网络标签(Net Label)

(1) 执行菜单命令【Place】→【Net Label】，或点击工具栏 ![icon] 图标，或按快捷键"P+N"进入添加网络电气属性的操作，如图 2-26 所示。

(2) 在需要用连接的管脚或导线处，点击鼠标左键放置 Net Label。放置时也可以通过按"TAB"键或在完成放置后用鼠标双击该"Net Label"更改其电气属性。作者推荐使用按"TAB"键的更改方式，高效快捷，如图 2-27 所示。

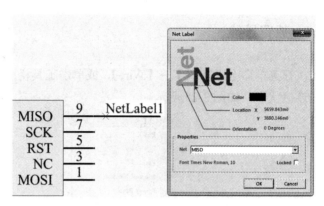

图 2-26　调用网络标签命令　　　　　　图 2-27　放置 Net Label 并修改属性

2.6.3　放置电源和接地符号(Power Port)

(1) 在原理图编辑窗口下放置电源和接地符号时，执行【Place】→【Power Port】命令，或点击工具栏中的 ^{Ucc}(电源符号)和 ≑(接地符号)，或按快捷键"P+O"，在出现光标后即可放置，如图 2-28 所示。

(2) 在放置电源符号和接地符号状态下，按"TAB"键将弹出 Power Port 对话框，进行属性设置，如图 2-29 所示。

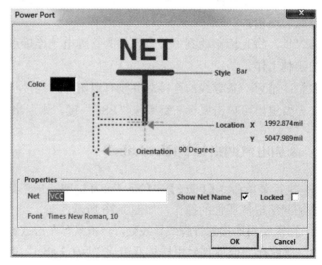

图 2-28　执行 Power Port 命令　　　　　图 2-29　Power Port 对话框

(3) 在完成电源符号和接地符号放置后，并没有退出放置状态，还可继续执行其他电源符号和接地符号的放置，如需要退出可单击鼠标右键或按"ESC"键，退出当前状态。

注意：通过快捷键"P + O"执行命令时，会出现电源符号或者接地符号两种情况，若想下次执行快捷键出现的是电源符号时，可先点击工具栏中的电源符号后再取消，然后执行快捷键，则会一直处于放置电源符号命令模式。放置接地符号方法与此相同。亦可以通过"TAB"键或双击鼠标进入 Power Port 修改属性对话框，点击"Style"中选择"GOST Power Ground"进行符号修改，如图 2-30 所示。

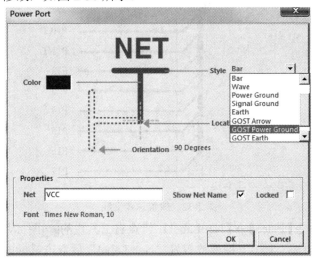

图 2-30　修改 Power Port 符号

2.6.4　放置总线(Bus)

应用总线可以使原理图和读原理图的绘制更为方便，也更美观。总线是一种简化复杂走线的表现形式，便于清晰地了解原理图各元件间的连接关系。

执行菜单命令【Plcae】→【Bus】，或点击工具栏的 图标，或按快捷键"P+B"，在出现光标后即可放置总线，如图 2-31 所示。

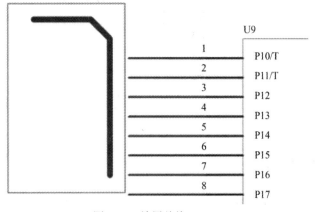

图 2-31　放置总线(Bus)

2.6.5　连接总线(Bus Entry)

(1) 执行菜单命令【Place】→【Bus Entry】，或点击工具栏的 图标，或按快捷键"P＋U"，在总线主干线上的每根数据线的位置放置一个总线支线，如图 2-32 所示。在放置过程中按空格键可以改变摆放方向。

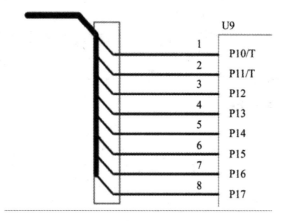

图 2-32　放置总线支线

(2) 执行菜单命令【Place】→【Net Label】，或点击工具栏的 图标，进入放置 Net Label 状态。在放置过程中按"TAB"键或放置好"Net Label"后双击鼠标即可更改总线属性，然后再将数据线依次连接到总线支线上，如图 2-33 所示。

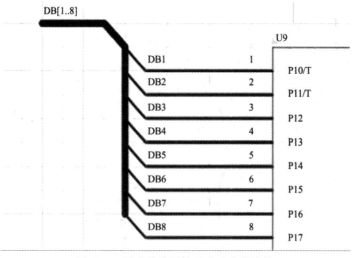

图 2-33　更改总线属性及完成总线连接

2.6.6　操作 Port(端口)

本节只介绍 Port 端口操作，具体应用将在第 3 章中介绍。

在设计层次原理图时，通过放置相同网络标号的输入/输出端口来表示一个电路网络与另一个电路网络的电气连接关系。Port(端口)是层次化原理图设计中不可缺少的组件。

(1) 添加 Port。

执行菜单命令【Place】→【Port】，或点击工具栏的 图标，或按快捷键"P + R"，进入放置 Port 设计状态。在 Port 设计状态下，光标变成十字形，同时一个端口符号悬浮在光标上。这时移动光标到原理图的合适位置，在光标和导线相交处会出现红色的"X"，表明实现了电气连接。单击鼠标左键即可定位端口的一端，移动光标使端口大小合适，再次单击鼠标左键就完成了一个端口的放置，如图 2-34 所示。右击鼠标则退出放置 Port 设计状态。

图 2-34　添加 Port 操作

(2) Port 端口属性更改。

在放置 Port 的过程中，按"TAB"键或放置好 Port 后用鼠标双击即可更改 Port 属性，并将 Port 放置到总线上，如图 2-35 所示。

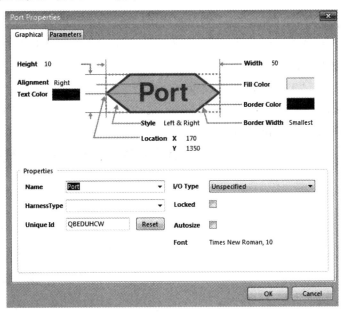

图 2-35　Port 属性更改界面

Port Properties 对话框主要包括以下属性设置：

Height：设置端口外形高度。

Alignment：设置端口名称在端口符号中的位置，可设置为 Left、Right 和 Center。

Text Color：设置端口内文本的颜色。单击色块可以进行设置。

Style：设置端口的外形。系统默认的设置为 Left & Right。

Location：定位端口的水平和垂直坐标。

Width：设置端口的长度。

Fill Color：设置端口中的填充颜色。

Border Color：设置端口边界的颜色。

Name：定义端口的名称，具有相同名称的端口在电气意义上是连接在一起的。

I/O Type：定义端口的 I/O 类型，如未确定、输入、输出、双向类型。

2.6.7　添加二维线和文字

在绘制原理图时，为了增加可读性，设计者通常都会在原理图的关键位置添加二维线和文字说明。

1) 添加二维线

执行命令【Place】→【Drawing Tools】→【Line】，或按快捷键"P＋D＋L"，进入添加二维线状态。单击鼠标左键即可定位二维线的一端，移动光标并再次单击鼠标左键即可完成一条二维线的绘制。右击鼠标退出放置二维线设计状态。

需要注意：二维线是没有任何电气属性的，通常作为标识。

2) 添加文字

执行命令【Place】→【Text String】，或按快捷键"P＋T"，进入添加文字状态，此时光标变成十字形，并带有一个文本字 Text，如图 2-36 所示。移动光标到合适位置后，单击鼠标左键即可添加文字。

在放置状态下按"TAB"键或者放置完成后，双击需要设置属性的文本字，将弹出 Annotation 对话框，如图 2-37 所示。在 Annotation 对话框中，可以设置文字的颜色、位置、定位，以及具体的文字说明和字体。

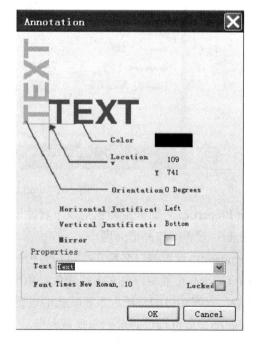

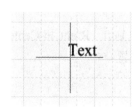

图 2-36　放置文本字　　　　　　　　　　　　　图 2-37　Annotation 对话框

3) 添加文本框

如果需要在原理图中添加大量的文字说明，就需要使用文本框。执行命令【Place】→
【Text Frame】，进入添加文本框状态，此时光标变成十字形。单击鼠标左键确定文本框的
一个顶点，然后移动光标到合适位置，再次单击鼠标左键确定文本框对角线上的另一个顶
点，即可完成文本框的放置，如图 2-38 所示。

在文本框放置状态下，按"TAB"键，或者放置完成后，双击需要设置属性的文本框，
将弹出 Text Frame 对话框，如图 2-39 所示。在该对话框中，可以设置文字的颜色、位置以
及具体的文字说明和字体等。

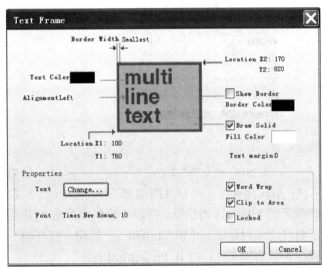

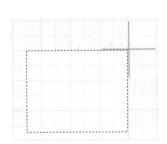

图 2-38　放置文本框　　　　　　　　　图 2-39　Text Frame 对话框

2.6.8　放置 NO ERC 检查测试点

放置 NO ERC 测试点的目的是让系统在进行电气规则检查时，忽略对某些节点的检查。
例如系统默认输入型引脚必须连接，但实际上某些输入型引脚不连接也是可以的，如果不
放置 NO ERC 测试点，那么系统在编译时就会生成错误信息，并在引脚上放置错误标记。

单击布线工具栏中的 ⊠ 图标，或执行命令【Place】→【Directives】→【Generic No ERC】，
进入放置 NO ERC 检查测试点状态，此时光标变成十字形，并且在光标上黏附一个红叉。将
光标移动到需要放置 NO ERC 的节点上，单击鼠标左键完成一个 NO ERC 检查测试点的放置。

2.7　电源电路原理图的绘制

绘制电源电路原理图的步骤如下：

(1) 新建工程文件。打开 Altium Designer15 软件，执行命令【File】→【New】→【Project】
→【PCB Project】，创建一个新的工程文件，默认名称为 PCB_Project1.PrjPCB，如图 2-40

所示。

在工程文件 PCB_Project1.PrjPCB 上单击鼠标右键，在弹出的快捷菜单中选择"Save Project As..."，在弹出的保存文件对话框中输入文件名：51 单片机开发板.PrjPcb，并保存在指定的文件夹中。

(2) 新建原理图文件。在新的工程文件名称处点击鼠标右键，弹出菜单，执行命令【Add New to Project】→【Schematic】。在该工程文件中新建一个电路原理图文件，系统默认文件名为 Sheet1.SchDoc，如图 2-41 所示。将此原理图重命名为电源电路.SchDoc，随后系统自动进入原理图设计编辑环境。

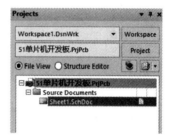

图 2-40　建立新的工程文件　　　　图 2-41　建立新的电路原理图文件

(3) 加载元件库。在原理图编辑环境中执行命令【System】→【Libraries】，调出如图 2-42 所示的 Libraries 对话框。在该对话框中单击"Libraries..."按钮，系统将弹出如图 2-43 所示的可用库对话框，单击"Install..."按钮，打开相应的选择库文件对话框，然后选择并加载准备好的库文件：PCB_Project.IntLib。

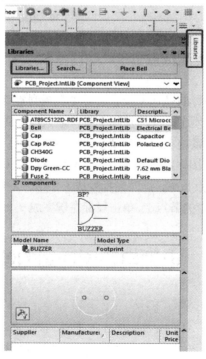

图 2-42　Libraries 对话框

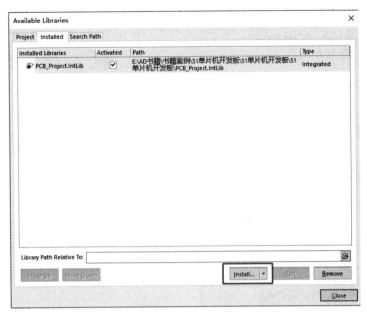

图 2-43　加载元件库

(4) 放置元件。打开 Libraries 对话框，在当前元件库 PCB_Project.IntLib 中的过滤框中输入 FUSE 2，如图 2-44 所示。单击"Place FUSE 2"按钮，选择的元件将黏附在光标上，然后移动光标到原理图合适的位置单击鼠标左键进行放置。同样的操作，依次添加其他元件。需要添加的元件在元件库中都可以找到。通常放置的元件如表 2-1 所示。

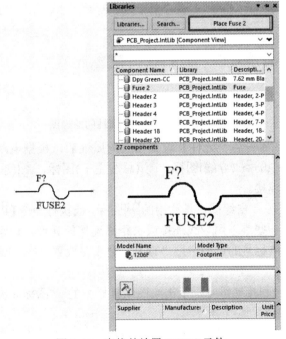

图 2-44　查找并放置 FUSE2 元件

(5) 设置元件属性。结束元件放置后，再对各个元件的属性进行设置。属性包括元件的参考编号、型号、封装形式等。双击元件即可打开元件属性设置对话框，如图 2-45 所示。

其他元件属性设置方法相同,这里不再重复描述。设置好元件属性的原理图如图2-46所示。

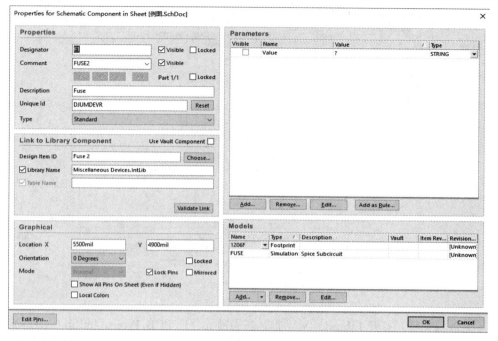

图 2-45　元件属性设置对话框

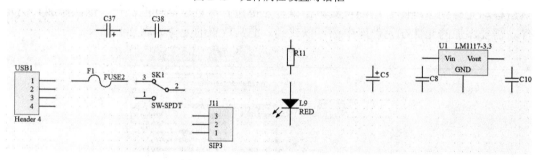

图 2-46　设置好元件属性的原理图

(6) 连接导线。放置好各个元件并设置相应的属性后,根据电路设计要求连接各个元件。单击绘图工具栏中的 ≋(导线)图标、 ≯(总线主干)图标、 ↖(总线支线)图标,进行元件端口及引脚的电气连接。

(7) 放置网络标号。单击绘图工具栏中的 Net 图标,或执行命令【Place】→【Net Label】,放置网络标号。对于一些难以用导线连接或长距离连接的元件,通常采用网络标号的方法进行连接。在放置网络标号的过程中按"TAB"键或在放置"Net Label"后用鼠标双击即可更改网络电气属性。

(8) 放置电源符号和接地符号。单击绘图工具栏中的 Net 图标放置电源符号,单击绘图工具栏中的 ⏚ 图标放置接地符号。

(9) 放置 NO ERC 检查测试点。对于一些用不到的、悬空的引脚,可以放置 NO ERC 检查测试点,让系统忽略对其进行 ERC 检查,这样就不会产生错误报告。

(10) 编译原理图。原理图绘制完成后,需要进行电气规则检查。这部分内容将在后面章节中通过教程和实例进行详细介绍。

至此，电源电路原理图绘制完成，如图 2-47 所示。

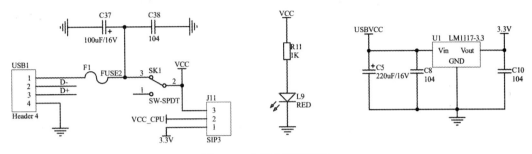

图 2-47　电源电路原理图

2.8　CPU 电路原理图的绘制

准备工作：

(1) 用鼠标右键点击工程文件名称，弹出菜单后执行命令【Add New to Project】→【Schematic】，在该工程文件中新建一个电路原理图文件，并重新命名为 CPU 电路.SchDoc。系统自动进入原理图设计编辑环境。

(2) 放置元件和设置元件属性。在 PCB 库面板中，查找需要的元件，点击鼠标左键选择并用鼠标单击"Place"按钮，选择的元件将黏附在光标上，移动光标到原理图合适的位置，单击鼠标左键进行放置。同样的操作，依次添加其他元件。

(3) 连接导线，放置网络标号，放置电源符号和接地符号。

绘制完成的 CPU 电路原理图如图 2-48 所示。

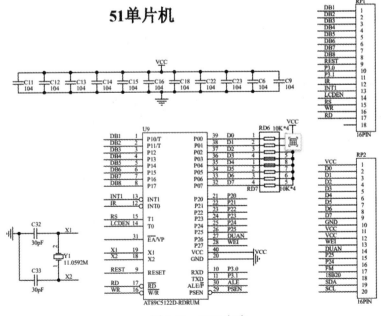

图 2-48　CPU 电路

2.9　显示电路原理图的绘制

准备工作：

(1) 用鼠标右键点击工程文件名称，弹出菜单后执行命令【Add New to Project】→【Schematic】，新建一个电路原理图文件，并重新命名为显示电路.SchDoc。系统自动进入原理图设计编辑环境。

(2) 放置元件和设置元件属性。在 PCB 库面板中，查找需要的元件，再点击鼠标左键选择并用鼠标单击"Place"按钮，选择的元件将黏附在光标上，移动光标到原理图合适的位置，单击鼠标左键进行放置。同样的操作，依次添加其他元件。

(3) 连接导线，放置网络标号，放置电源符号和接地符号。

绘制完成后的显示电路原理图如图 2-49 所示。

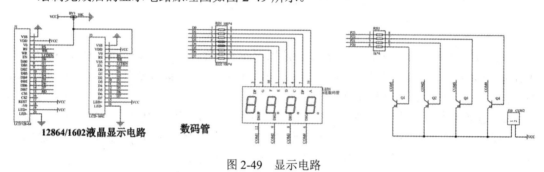

图 2-49　显示电路

逐一绘制各电路模块(此处只举例了其中的几个模块)，完成 51 单片机开发板绘制，整体原理图如图 2-1 所示。

【本 章 小 结】

学习完本章后，在本书配套资料包的 Altium Designer\IntLib 目录下找到 51.IntLib 文件，即 51 单片机集成库文件，将其安装到 Altium Designer 15 软件中，然后参照 PDF-SchDoc 目录下的 51 单片机.pdf 文件，完成整个 51 单片机原理图的绘制。需要 51 单片机.pdf 文件的，可关注微信公众号：EDA 设计智汇馆，在后台输入：51 单片机可以自行下载。

第 3 章

层次化原理图的设计应用

【学习目标】

	学 习 目 标	学 习 方 式	课 时
知识目标	(1) 熟悉层次化设计概念和组成 (2) 熟悉层次化原理图设计流程 (3) 熟悉层次化原理图的绘制和检查	教师讲授	2 课时
技能目标	(1) 掌握自上而下的层次原理图设计方法 (2) 掌握自下而上的层次原理图设计方法 (3) 能进行层次原理图之间的切换 (4) 能用 Projects 进行工作面板切换 (5) 能用命令方式进行工作面板切换	学生上机操作，教师指导、答疑	

3.1 层次化原理图设计的基本概念和组成

层次化原理图设计一般应用在一些超大规模的电路原理图设计中，过去采用 A4 纸打印原理图，只能放置有限的内容，不便于查看和分析电路原理。随着现今计算机技术的发展和普及，对复杂的电路图可采用网络多层次并行开发设计，极大地加快了电路图的设计进程。对于较大、较复杂的电路图，最好以模块的方式进行设计，需要以层次化电路图的方式来管理。绘制层次化的电路图可以将电路的功能模块分解得较为清晰，便于工作人员随时检查电气连接和修改电路。

层次化电路图的设计方法，主要是指将一个较大的设计分为若干功能模块，由不同的项目设计人员来完成。层次化原理图设计也称为模块化原理图设计，通过模块化电路设计对任务进行细分，然后根据定义的各个模块之间的关系完成整个电路的设计。

层次化原理图的结构类似树状结构，最顶层是母图，下面是各级子图。母图由子图符号及其连接关系构成，子图符号由图纸符号(Sheet Symbol)和图纸入口(Sheet Entry)构成。子图由实际的电路图和输入/输出端口(Port)构成。

3.2　层次化原理图的设计

为了便于读者理解，本节依托实例来介绍层次化原理图的设计。图 3-1 所示为所用实例的 CPU 层次子原理图。

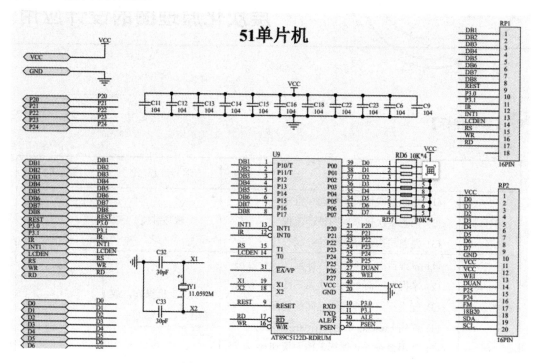

图 3-1　CPU 层次化子原理图示意

层次化原理图设计分为自上而下的层次化原理图设计和自下而上的层次化原理图设计。自上而下的层次化原理图设计，是指先建立一张系统原理总图，用方块电路代表其下一层子系统，然后分别绘制各个方块对应的子电路。自下而上的层次化原理图设计，是指先建立底层子电路，然后再由这些子原理图产生方块电路图，从而产生上层原理图，最后生成系统原理总图。

3.2.1　自上而下的层次化原理图设计

1. 设计层次化原理图母图的操作步骤

(1) 执行菜单命令【File】→【New】→【Project】，创建一个工程并保存。

(2) 执行菜单命令【File】→【New】→【Schematic】，创建一个原理图文件。本实例命名顶层图为 All.SchDoc。

(3) 单击 Wiring 工具栏上的 "Place Sheet Symbol" 按钮 ▨，绘制方块电路。方块电路图的绘制方法与以前学过的矩形框的画法一样。放置好五个图纸符号后的方块电路图如图 3-2 所示。

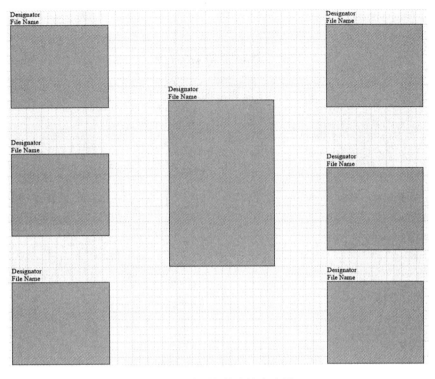

图 3-2　放置好的方块电路图

(4) 设置方块电路的符号名称。双击放置好的方块电路图，弹出 Sheet Symbol 对话框，如图 3-3 所示。在"Designator"栏中输入方块电路的符号名称，在"Filename"栏中输入对应的原理图子图的文件名称。这里我们将这两项参数设成一样，分别将七个图纸符号命名为 CPU、POWER、Display、KEY、RESET、SENSOR、BUZZER，如图 3-4 所示。

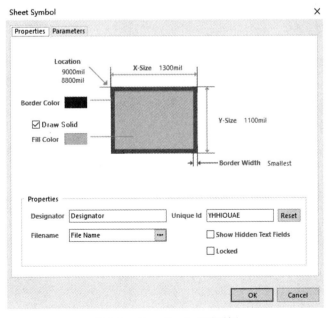

图 3-3　Sheet Symbol 对话框

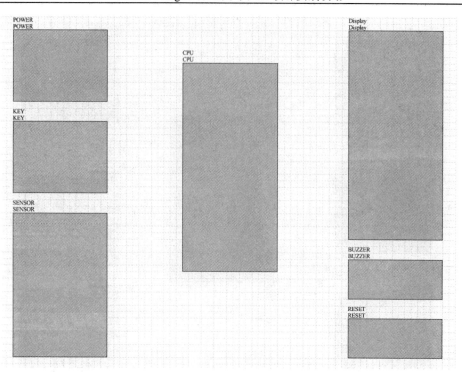

图 3-4　方块电路的符号名称

(5) 放置端口。用鼠标单击 Wiring 工具栏上的"Place Sheet Entry"按钮 █，在放置端口的同时按"Tab"键编辑端口属性。放置好端口的方块电路图如图 3-5 所示。

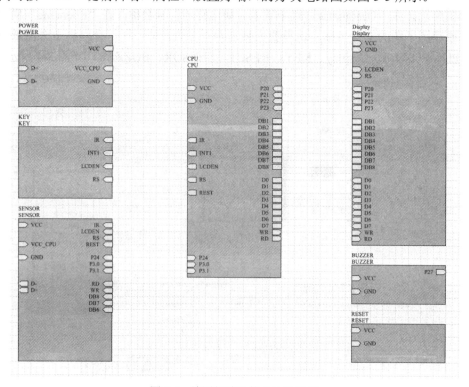

图 3-5　放置好端口的方块电路图

(6) 为了美观，将每个图纸符号根据设计需要进行调整。用鼠标单击图纸符号，在图纸符号四角及中间会显示一个控制点，拖动该控制点可以调节其大小，如图 3-6 所示。

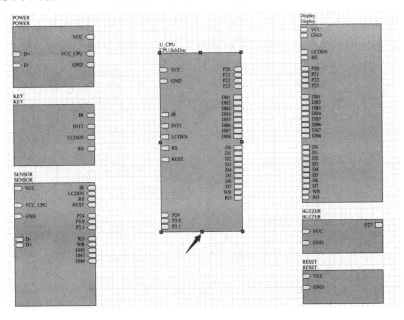

图 3-6　调整图纸符号尺寸

(7) 单击 Wiring 工具栏上的绘制导线按钮 ，连接整个方块电路图。完整的方块电路图如图 3-7 所示。

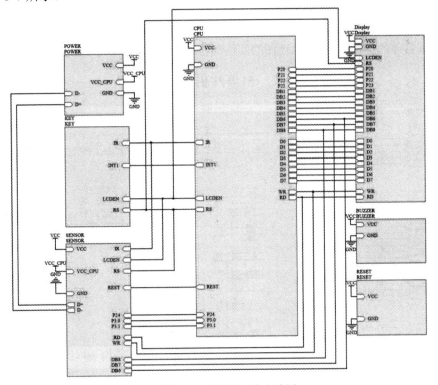

图 3-7　完整的方块电路图

2. 设计层次化原理图子图的操作步骤

(1) 执行菜单命令【Design】→【Create Sheet From Symbol】，这时光标变成十字形状，将光标移动到其中一个方块电路上用鼠标单击，产生的子原理图如图 3-8 所示。新建的原理图上会自动添加图纸符号中放置的网络端口，该端口不能删除，但可以随意移动。

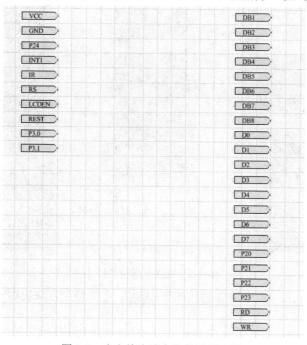

图 3-8　由方块电路产生的子原理图

(2) 根据具体的电路，画出原理图的其他部分。绘制好的 CPU 子原理图如图 3-9 所示。

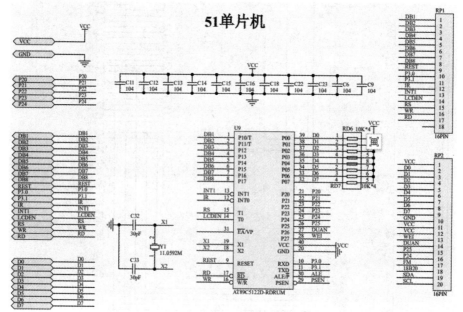

图 3-9　CPU 子原理图

(3) 采用相同的方法绘制其他的子原理图。根据前面给出的参考图，绘制出其他的子原理图，包括电源(Power)、按键(Key)、复位(Reset)、显示(Display)、传感器(Sensor)、蜂鸣器(Buzzer)等，如图 3-10 所示。

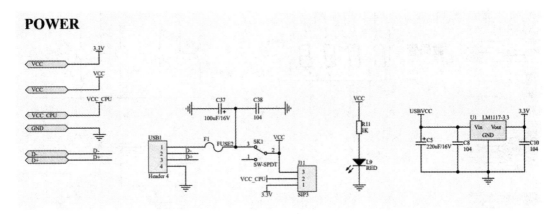

(a) 电源子原理图

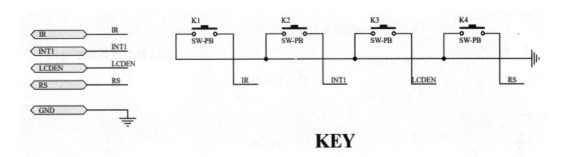

(b) 按键子原理图

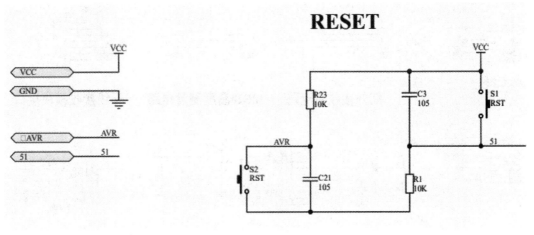

(c) 复位子原理图

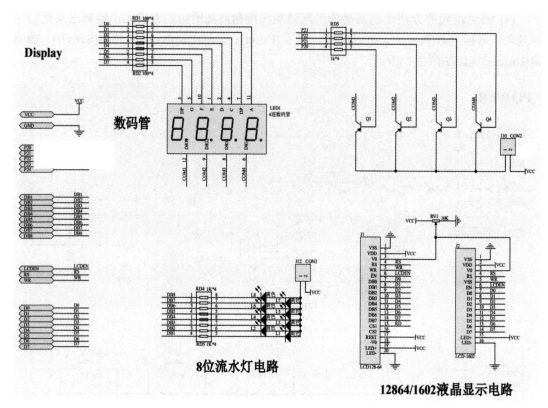

(d) 显示子原理图

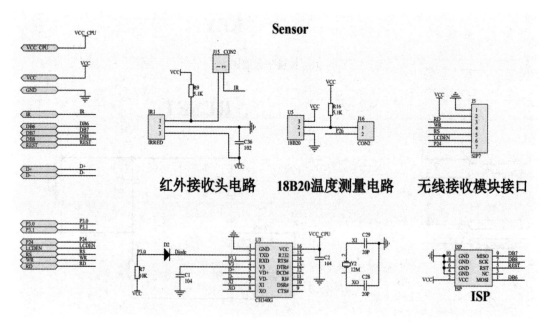

(e) 传感器子原理图

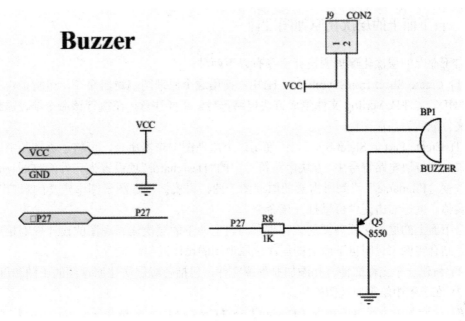

(f) 蜂鸣器子原理图

图 3-10　其他子原理图

(4) 执行命令【File】→【Save All】，保存所有的文件，再执行菜单命令【Project】→【51 单片机开发板.PrjPcb】→【Compile PCB Project 51 单片机开发板.PrjPcb】，编译整个 PCB 工程项目，如图 3-11 所示。如果原理图有错误将会自动弹出消息框，编译成功后在工程面板中会看到层次图的层次关系，说明整个项目设计成功。

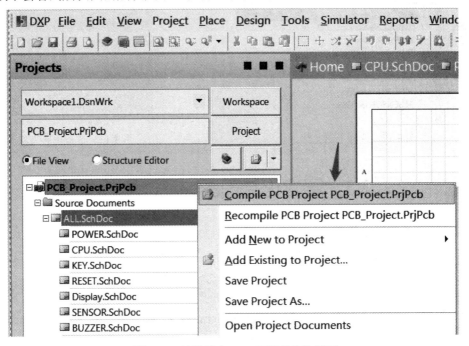

图 3-11　编译整个 PCB 工程项目的界面

3.2.2　自下而上的层次化原理图设计

自下而上的层次化原理图设计命令有以下两种：

(1) Create Sheet from Symbol or HDL：使用这个原理图编辑器命令，可将指定的原理图、VHDL 文件或 Verilog 文件生成方块电路符号。需要注意，在执行该命令前，需将指定的子文件激活为当前文件。

(2) Create Part to Sheet Symbol：使用这个原理图编辑器命令，可将子原理图中选择的元件移动到方块电路符号中。方块电路符号中的"Designator"项设置为元件的"Designator"项，改变"Filename"找到所需要的原理图子图，再根据原理图子图中定义的端口改变原理图实体。鼠标右击元件可以打开该命令。

自下而上的层次化原理图的设计规则与自上而下的层次化原理图的设计规则相反，此处也是结合实例来说明自下而上的层次化原理图的设计过程。

(1) 新建一个工程文件，并添加原理图文件，包括各级层次化原理图的子图和母图。

(2) 在子图中绘制原理图模块。

(3) 在母图中执行菜单命令【Design】→【Create Sheet from Symbol or HDL】，弹出如图 3-12 所示的对话框。对话框中列出了当前工程下所有的子图文件，选中要创建的子图文件，鼠标单击"OK"按钮确认。

(4) 单击"OK"按钮，切换到母图中，然后在合适的位置用鼠标单击，放置电路方块图，如图 3-13 所示。

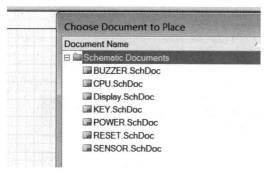

図 3-12　选择子图文件

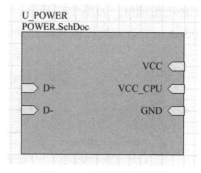

图 3-13　放置电路方块图

3.3　层次化原理图之间的切换

1. 层次化原理图之间切换的方法

当层次化原理图的子图较多或结构较复杂时，在各个母图与子图之间方便快捷地切换显得很重要。

应用 Altium Designer15 的命令可以方便地在子图和母图间进行切换，方法如下：

(1) 执行菜单命令【Tools】→【UP/Down Hierarchy】，或单击"Schematic Standard"工具条上的 按钮，或按快捷键"T + H"。

(2) 此时，光标变成十字形状，移动光标，在母图中的某个图纸符号上用鼠标单击，即可切换到该电路方块图的子图中。同样，也可以执行该命令从子图切换到母图。

2. 混合原理图/HDL 文档层次设计

在设计层次化原理图时，可以使用图纸符号来描述原理图的子图，同样，原理图的子图也可以用 VHDL 文件的形式来描述，它的使用方法与电路原理图子图的方法相同。

当引用 VHDL 文件作为电路原理图子图时，图纸符号与 VHDL 文件中声明的实体要相对应。由 VHDL 文件产生的图纸符号有参数 vhdleNTITY，其值为 VHDL 文件中实体的名称。当引用 Verilog 文件作为电路原理图子图时，方块电路与 Verilog 文件中声明的实体要相对应。由 Verilog 文件产生的图纸符号有参数 Verilog Module，其值为 Verilog 文件中声明的模块名称。

执行命令【Design】→【Create HDL file from Symbol】→【Create VHDL file Symbol】，这时光标变成十字形状，移动光标到要转换的电路方块上，用鼠标单击，将弹出如图 3-14 所示的 VHDL 文件。

图 3-14　VHDL 文件

同样，也可以生成 Verilog 文件。执行命令【Design】→【Create HDL file from Symbol】→

【Create Verilog file Symbol】，这时光标变成十字形状，移动光标到要转换的电路方块图上，用鼠标单击，将弹出如图 3-15 所示的 Verilog 文件。

```
//////////////////////////////////////////////////////////////
// SubModule CPU
// Created    2019/8/16 23:49:12
//////////////////////////////////////////////////////////////

module CPU (P3.1, P3.0, P24, P23, P22, P21, P20, GND, VCC, D7, D6, D5, D4, D3, D2, D1,

    input   P3.1;
    input   P3.0;
    input   P24;
    input   P23;
    input   P22;
    input   P21;
    input   P20;
    input   GND;
    input   VCC;
    inout   D7;
    inout   D6;
    inout   D5;
    inout   D4;
    inout   D3;
    inout   D2;
    inout   D1;
    inout   D0;
    inout   DB8;
    inout   DB7;
    inout   DB6;
    inout   DB5;
    inout   DB4;
    inout   DB3;
    inout   DB2;
    inout   DB1;
    output  WR;
    output  RD;
    output  REST;
    output  LCDEN;
    output  RS;
    output  IR;
    output  INT1;


endmodule
//////////////////////////////////////////////////////////////
```

图 3-15　Verilog 文件

原理图子图可以用 VHDL 文件形式描述，而 VHDL 文件形式也可以转换成电路方块原理图子图形式。例如，在母图中执行命令【Design】→【Create Sheet from Symbol or HDL】，将弹出如图 3-16 所示的对话框。

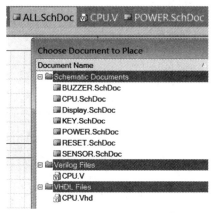

图 3-16　选择子图文件对话框

在该对话框中，选择"VHDL Files"下的"CPU.Vhd"，单击"OK"按钮，结果如图 3-17 所示。

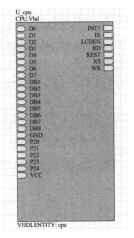

图 3-17　VHDL 文件转换成方块原理图子图

3.4　层次结构的保留

当用户定义好所设计的层次化原理图的层次结构后，通常需要保留，Altium Designer 15 提供了保留层次结构的环境。

1. 同步端口与原理图实体

如果原理图母图中的所有子图实体的端口都通过名称或 I/O 类型相互匹配，则原理图母图与它的子图是同步的。执行菜单命令【Design】→【Synchronize Sheet Entries and Ports】，弹出如图 3-18 所示对话框。

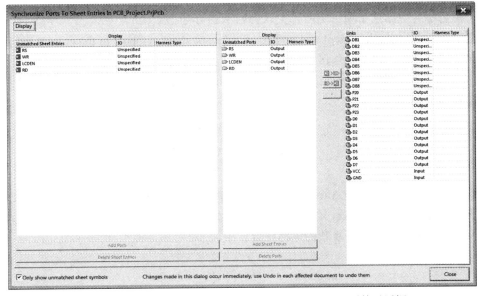

图 3-18　执行命令 Synchronize Sheet Entries and Ports 后的对话框

2. 重新命名原理图母图中的子图

在电路图设计过程中，可能需要对原理图子图的名称进行更改。例如，改变了原理图中的一部分电路，就需要重新定义子图的名称。

执行菜单命令【Design】→【Renamed Child Sheet】，光标变成十字形状，移动光标到需要重新命名的子原理图的方块电路符号上，用鼠标单击，将弹出 Rename Child Sheet 对话框，如图 3-19 所示。在对话框中可以更改原理图子图的名称。

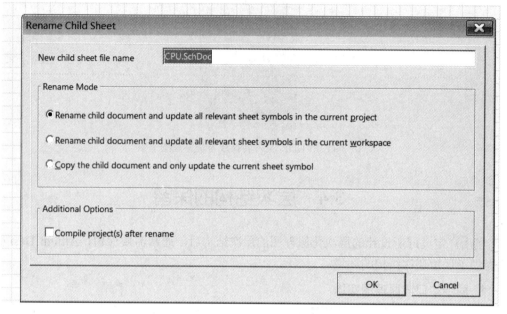

图 3-19　Renamed Child Sheet 对话框

在该对话框中，有以下 3 种命名方式：

(1) Rename child document and update all relevant sheet symbols in the current project：重命名子图名称并更新这个项目中所有关联到的子图符号。

(2) Rename child document and update all relevant sheet symbols in the current workspace：重命名子文档并更新这个工作区中所有关联到的子图符号。

(3) Copy the child document and only update the current sheet symbol：复制子文档并更新当前激活的子图符号。

【本 章 小 结】

本章主要向读者介绍了 Altium Designer15 的多通道设计和层次化原理图设计方法。通过学习，读者应能熟悉 Repeat 语句的多通道设计以及层次化原理图的两种设计方法，并能将这两种设计方法运用于更复杂的电路图设计中。

第 4 章

原理图验证与输出

【学习目标】

	学 习 目 标	学 习 方 式	课 时
知识目标	(1) 熟悉原理图电气检测及编译 (2) 熟悉原理图相关文件输出	教师讲授	2 课时
技能目标	(1) 能进行原理图的电气检测及编译 (2) 能进行原理图智能 PDF 输出 (3) 能进行原理图材料清单输出 (4) 能进行原理图打印输出	学生上机操作， 教师指导、答疑	

4.1　原理图的电气检测及编译

在使用 Altium Designer15 软件进行电路设计的过程中，需要对工程进行编译，即进行电气规则检查。在编译工程的过程中，系统会根据用户的设置对整个工程进行检查；编译结束后，系统会提供相应的报告信息，如网络构成、原理图层次、设计错误报告及分布信息等。

在编译工程前首先要对工程选项进行设置，以确定在编译时系统需要做的工作和编译后系统要提供的各种报告类型。编译项目参数设计包括错误检查参数、电气连接矩阵、比较器设置、ECO 生成、输出路径、网络表选项和其他项目参数的设置。

如图 4-1 所示，执行命令【Project】→【Project Options...】，弹出 Options for PCB Project 51 单片机开发板.PrjPcb 对话框，对原理图错误验证进行设置(一般使用默认设置)，如图 4-2 所示。

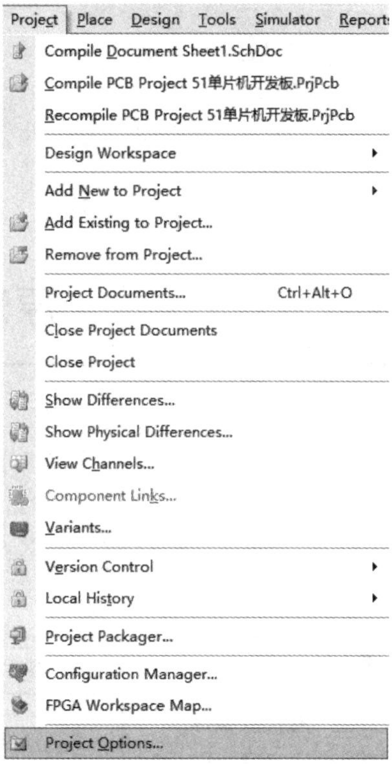

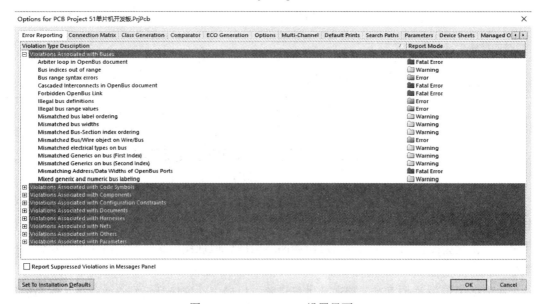

图 4-1　Project Options 设置

图 4-2　Project Options 设置界面

在该对话框中，单击错误检查参数标签 Error Reporting ，设置报告类型。其中主要参数项目的意义如下：

(1) Violation Associated with Buses：总线违规检查。

(2) Violation Associated with Components：元件违规检查。

(3) Violation Associated with Documents：文件违规检查。

(4) Violation Associated with Nets：网络违规检查。

(5) Violation Associated with Others：其他违规检查。

(6) Violation Associated with Parameters：参数违规检查。

在"Report Mode"栏中列出了对应的报告类型，共有 4 种报告类型：Warning(警告)、Error(错误)、Fatal Error(严重错误)、No Report(不报告)。

单击某个报告类型，可以在弹出的下拉列表中更改该报告类型，如图 4-3 所示。

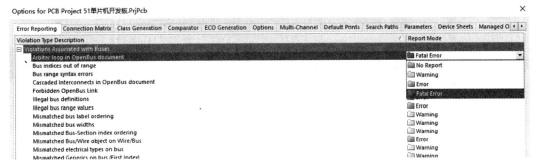

图 4-3　更改报告类型

图 4-2 所示的其余标签栏一般按照默认设置，在此不进行介绍。

执行命令【Project】→【Compile PCB Project 51 单片机开发板.PrjPcb】，可以对原理图的错误进行验证，如图 4-4 所示。

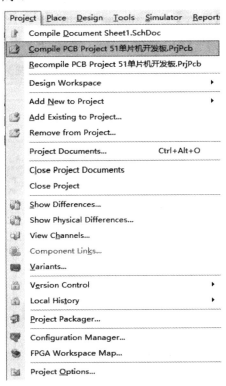

图 4-4　编译原理图

原理图验证完成后，会弹出如图 4-5 所示对话框，通过鼠标双击错误，即可精确定位到错误处，便于对错误之处进行修改。

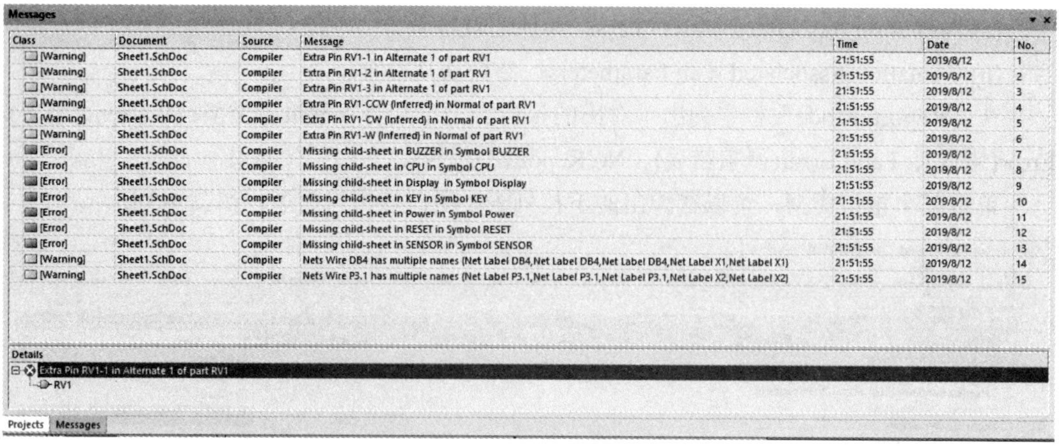

Messages
Class Document Source Message Time Date No.
[Warning] Sheet1.SchDoc Compiler Extra Pin RV1-1 in Alternate 1 of part RV1 21:51:55 2019/8/12 1
[Warning] Sheet1.SchDoc Compiler Extra Pin RV1-2 in Alternate 1 of part RV1 21:51:55 2019/8/12 2
[Warning] Sheet1.SchDoc Compiler Extra Pin RV1-3 in Alternate 1 of part RV1 21:51:55 2019/8/12 3
[Warning] Sheet1.SchDoc Compiler Extra Pin RV1-CCW (Inferred) in Normal of part RV1 21:51:55 2019/8/12 4
[Warning] Sheet1.SchDoc Compiler Extra Pin RV1-CW (Inferred) in Normal of part RV1 21:51:55 2019/8/12 5
[Warning] Sheet1.SchDoc Compiler Extra Pin RV1-W (Inferred) in Normal of part RV1 21:51:55 2019/8/12 6
[Error] Sheet1.SchDoc Compiler Missing child-sheet in BUZZER in Symbol BUZZER 21:51:55 2019/8/12 7
[Error] Sheet1.SchDoc Compiler Missing child-sheet in CPU in Symbol CPU 21:51:55 2019/8/12 8
[Error] Sheet1.SchDoc Compiler Missing child-sheet in Display in Symbol Display 21:51:55 2019/8/12 9
[Error] Sheet1.SchDoc Compiler Missing child-sheet in KEY in Symbol KEY 21:51:55 2019/8/12 10
[Error] Sheet1.SchDoc Compiler Missing child-sheet in Power in Symbol Power 21:51:55 2019/8/12 11
[Error] Sheet1.SchDoc Compiler Missing child-sheet in RESET in Symbol RESET 21:51:55 2019/8/12 12
[Error] Sheet1.SchDoc Compiler Missing child-sheet in SENSOR in Symbol SENSOR 21:51:55 2019/8/12 13
[Warning] Sheet1.SchDoc Compiler Nets Wire DB4 has multiple names (Net Label DB4,Net Label DB4,Net Label DB4,Net Label X1,Net Label X1) 21:51:55 2019/8/12 14
[Warning] Sheet1.SchDoc Compiler Nets Wire P3.1 has multiple names (Net Label P3.1,Net Label P3.1,Net Label P3.1,Net Label X2,Net Label X2) 21:51:55 2019/8/12 15
Details
Extra Pin RV1-1 in Alternate 1 of part RV1
RV1
Projects
Messages

图 4-5　原理图错误报表

原理图常见问题及解决方法如下。

问题 1：网络标号悬空(floating net labels)。

解决方法：网络标号要与导线连接，放置时如果出现一个白“米”字形，则说明网络标号没有悬空。

问题 2：导线十字交叉但未连接。

解决方法：原理图中导线交叉默认的是不相连，如果要使两根导线相连，则需要手动添加连接点。执行命令【Place】→【Manual Junction】，如图 4-6 所示，此时，光标上会挂着一个连接点，移动光标放置到交叉点即可，放置后的效果如图 4-7 所示。

Place
Design
Tools
WEB
Step1
Bus
Bus Entry
Part...
Step2
Manual Junction
Power Port

图 4-6　添加连接点

R10
10KΩ
手动添加的连接点
KEY1

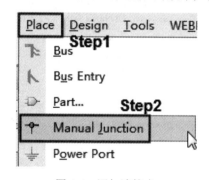

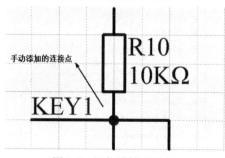

图 4-7　添加连接点效果

问题 3：元器件编号重复。

当原理图中有两个元器件的标号重复时，这两个元器件旁就会出现一根红色波浪线，如图 4-8 所示。

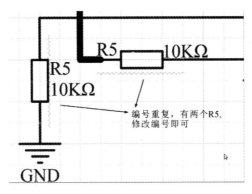

编号重复，有两个R5，修改编号即可

图 4-8　原理图错误之元器件编号重复

解决方法：修改元器件编号，使编号不再重复。

问题 4：在原理图中检查同一个网络是否连接。

解决方法：以 51 单片机板的 VCC 网络为例，按"Alt"键，鼠标单击任何一条 VCC 网络或连线，如果整个网络是连通的，则所有的 VCC 网络都会高亮显示，如果有 VCC 网络或连线未高亮显示，则表示没有连接在一起。如果非 VCC 网络也高亮显示，则表示与 VCC 网络短路。要取消高显，用鼠标在空白处单击一下即可。

问题 5：检查 VCC 和 GND 是否短路。

解决方法：以 51 单片机板的 VCC 网络和 GND 为例，首先按住"Alt"键，用鼠标单击任何一个 VCC 网络，查看是否有 GND 网络高亮，如果有则表示 VCC 网络与 GND 网络短路。要取消高显时，在空白处用鼠标单击一下即可。这种方法可以检测任何两个网络是否短路。

问题 6：在原理图中复制元器件。

解决方法：在原理图中，按住鼠标左键拖动选中某个区域的元器件，或单击选中某个元器件，再用快捷键"Ctrl＋C"进行复制，"Ctrl＋V"进行粘贴。

问题 7：在原理图中对元器件进行 90°旋转。

解决方法：在英文输入法环境下，在原理图中单击选中待旋转元器件，再按住鼠标左键拖动该元器件，然后，按空格键可对该元器件进行 90°旋转。

问题 8：在原理图中对元器件进行 X 轴旋转或 Y 轴旋转。

解决方法：在英文输入法环境下，在原理图中单击选中待旋转元器件，按住鼠标左键拖动该元器件，然后，按"X"键可实现 X 轴翻转，按"Y"键可实现 Y 轴翻转。

4.2　原理图智能 PDF 的输出

PDF 文档是一种广泛应用的文档格式，将原理图导出成 PDF 格式便于设计者参考交流。执行命令【File】→【Smart PDF...】，创建智能 PDF 格式的原理图，如图 4-9 所示。

图 4-9　执行 Smart PDF 命令

　　单击"Next"按钮，进入 PDF 转换目标设置界面，如图 4-10 所示。在该界面可以选择工程中的所有文件，也可以打开当前的文档，并在 Output File Name 栏中输入 PDF 的文件名及保存路径。

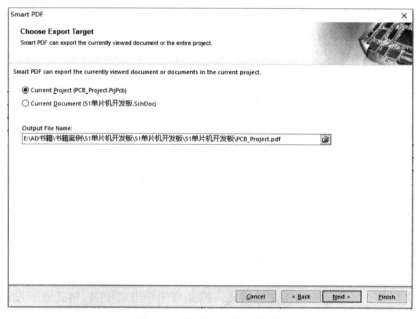

图 4-10　选择 PDF 保存路径

用鼠标单击"Next"按钮，进入如图 4-11 所示的界面，选择目标文件。如果需要选择多个文件，可以按住"Ctrl"键或"Shift"键进行选择。

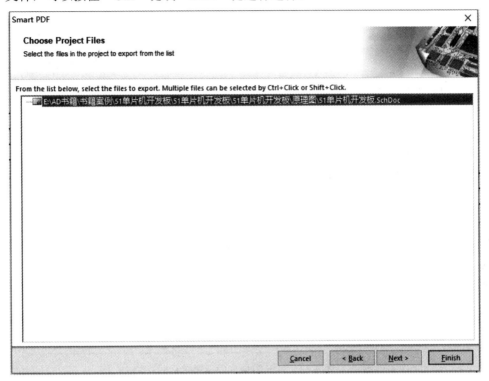

图 4-11　选择项目文件

用鼠标单击"Next"按钮，打开如图 4-12 所示的对话框，设置是否需要导出材料清单。

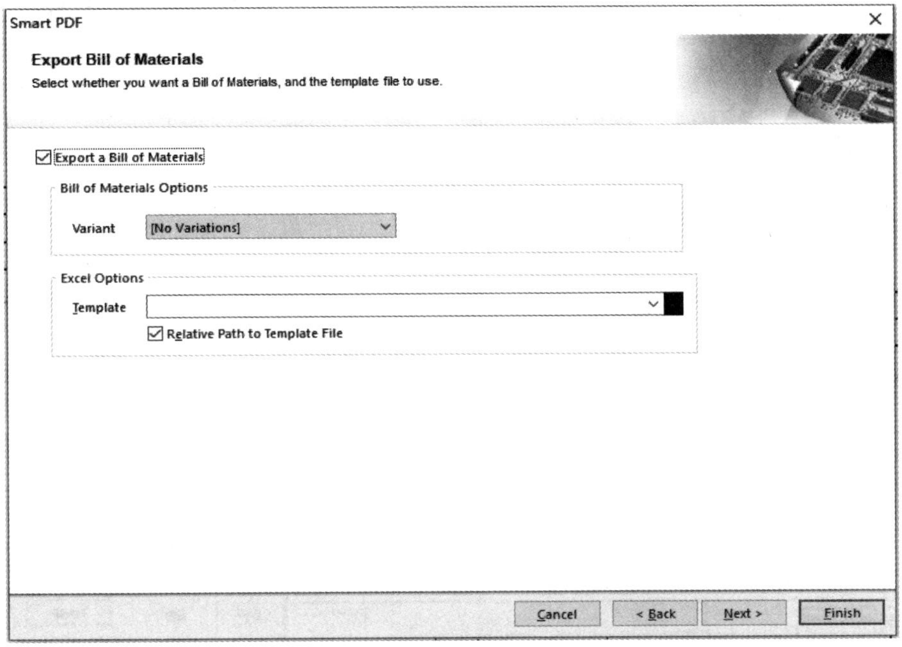

图 4-12　是否导出材料清单对话框

用鼠标单击"Next"按钮，打开如图 4-13 所示的 PDF 附加选项设置对话框，根据需要设置一些选项，通常采用默认设置。

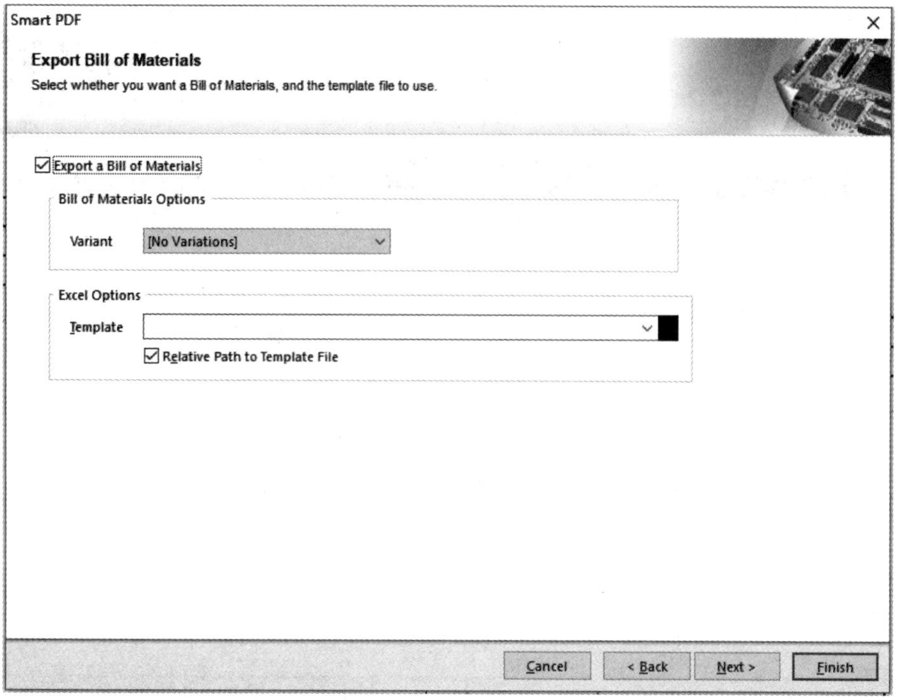

图 4-13　PDF 附加选项设置对话框

用鼠标单击"Next"按钮，打开如图 4-14 所示对话框，设置 PDF 结构。

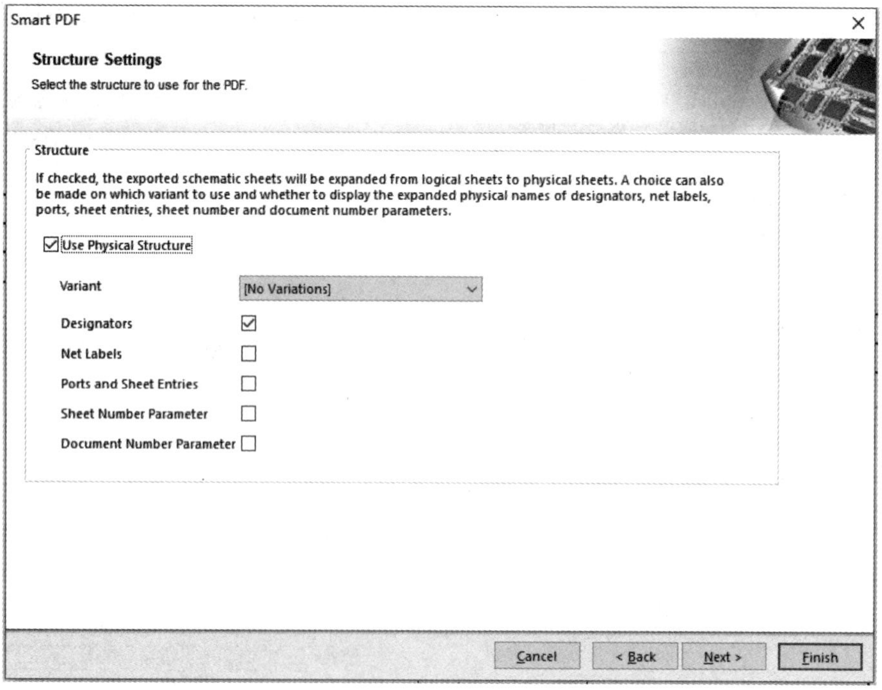

图 4-14　"Structure Settings"设置界面

　　用鼠标单击"Next"按钮，打开如图 4-15 所示对话框，用户根据需要可以选择完成后是否打开 PDF 或将此次导出 PDF 的设置进行保存。

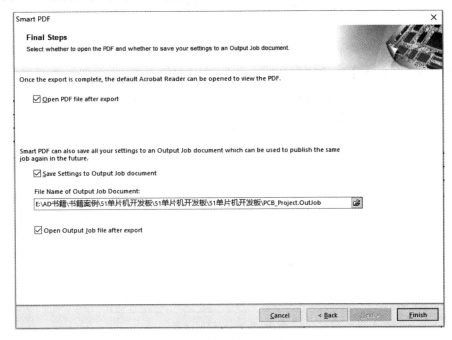

图 4-15　选择输出并打开 PDF

　　用鼠标单击"Next"按钮，导出 PDF 文件，系统会自动打开生成的 PDF 文档，如图 4-16 所示。

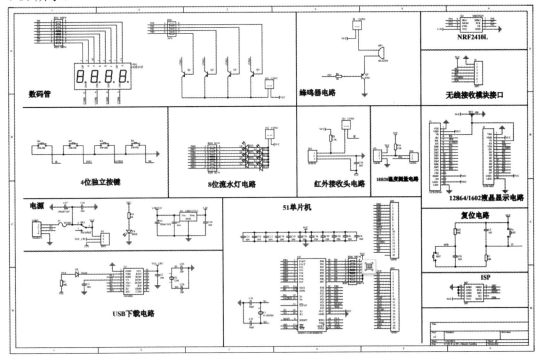

图 4-16　导出的 PDF 文件

4.3　原理图材料清单的输出

材料清单可以作为元件的采购清单，也可以用于检查 PCB 中的元件封装信息。

执行命令【Reports】→【Bill of Materials】，创建材料清单的，如图 4-17 所示。

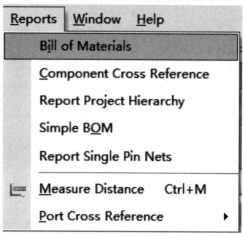

图 4-17　创建材料清单

在弹出的如图 4-18 所示的对话框中，选择所需的参数输出即可。

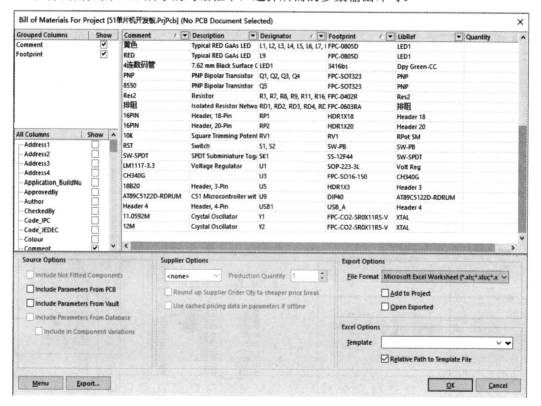

图 4-18　材料清单参数设置对话框

4.4　原理图的打印

原理图设计完成后可以通过打印机输出原理图，便于技术人员参考、交流。

用鼠标单击工具栏中的 ⎙ 图标，系统会以默认的设置打印原理图。如果用户需要按照自己的方式打印原理图，则需要设置打印的页面。执行命令【File】→【Page Setup】，将会弹出如图 4-19 所示的原理图打印属性设置对话框，在该对话框中设置纸张大小和打印方式等参数即可。在此不作详细介绍。

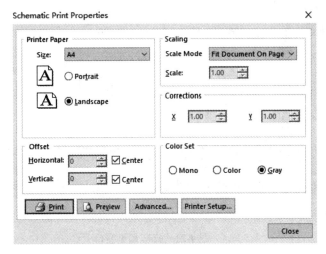

图 4-19　打印属性设置对话框

用鼠标单击打印属性设置对话框中的 ⎙ Print 图标，也可以执行命令【File】→【Print】，打开如图 4-20 所示的打印机相关选择设置对话框。根据需要设置完成之后就可以打印原理图。

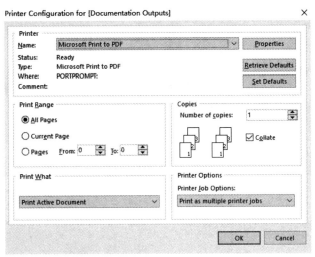

图 4-20　打印机相关选择设置对话框

需要注意，在打印前最好预览一下打印效果。执行命令【File】→【Page Preview】，或单击 Altium Designer15 主界面工具栏的 ▧ 图标，将弹出如图 4-21 所示的打印预览窗口。

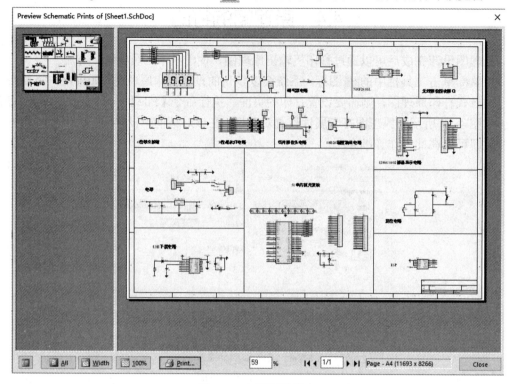

图 4-21　打印预览窗口

预览窗口的左侧是微缩图显示窗口，当有多张原理图需要打印时，均会在这里微缩显示；右侧则是打印预览窗口，整张原理图在打印纸上的效果将在这里形象地显示出来。

如果原理图预览的效果与理想的效果一样，用户就可以执行命令【File】→【Print】进行打印。

【本 章 小 结】

学习完本章后，读者能够具备对原理图进行编译的能力，能够根据编译过程中的提示找到相应的解决方法，同时具备原理图输出 BOM 和 PDF 的能力。

第 5 章

元件库的管理

【学习目标】

	学 习 目 标	学 习 方 式	课　时
知识目标	(1) 熟知原理图元件库设计知识 (2) 熟知 PCB 封装库设计知识 (3) 熟知集成元件库设计知识	教师讲授	2 课时
技能目标	(1) 能创建原理图元件库 (2) 能进行原理图元件的创建 (3) 能创建 PCB 封装库 (4) 能使用 PCB 封装向导 (5) 能进行常用 PCB 封装的创建 (6) 掌握集成库的应用	学生上机操作，教师指导、答疑	

5.1　概　　论

　　PCB 工程师通常都会按照一定的标准和规范创建自己的元件库，包括原理图库和 PCB 库。尽管 Altium Designer15 软件提供了丰富的元器件封装库资源，但由于元器件种类众多、较分散，且新推元件日新月异，因此 PCB 工程师要学会原理图元件和 PCB 封装元件的设计。考虑到人性化设计，工程师必须建立自己专属的、既精简又实用的元件库。

　　在 Altium Designer15 软件中，集成库文件包工程(.LibPkg)是制作集成库的基础，由原理图库(.SchLib)和 PCB 封装库(.PcbLib)组成。集成库文件包工程经过编译就可以生成集成库(.IntLib)。

　　原理图符号是指标识元器件电气性能的图形符号。它本身没有任何意义，只是一种代表引脚电气分布关系的符号，故对外形没有太多的要求，只要引脚信息正确即可。

　　元件封装涉及实际元器件焊接到 PCB 板时的焊接位置与焊接形状，包括元器件的外形尺寸、所占空间位置、各管脚间的间距等。元器件封装是一个空间的功能，对于不同的元器件可以有相同的封装，同样相同功能的元器件也可以有不同的封装。因此在制作 PCB 板

时必须同时知道元器件的名称和封装形式，一般采用"元件类型 + 焊盘距离(或焊盘数)+
元件外形尺寸"表示。常见的封装形式如表 5-1 所示。

表 5-1　常见的封装形式

针 脚 式 元 件			贴 片 类 元 件		
针脚式电阻	AXIAL xxx (轴状的电阻封装)		SMD 电阻、电容	0603 0805(贴片电阻电容封装)	
二极管类	DIODE xxx (二极管的封装)		SMD 三极管	SOTxx (小外形晶体管封装)	
扁平状电容	RAD xxx (无极性电容封装)		SMD 芯片	SOICxx (小外形集成电路封装)	
筒状电容	RB xx/xx (有极性电容封装)				
针脚集成电路	DIPxx (双列直插式封装)			QFPxx (方形扁平式封装	

另外，集成电路的封装还有插针网格阵列封装(PGA)、球栅阵列封装(BGA)、塑料有引
线芯片载体(PLCC)等。

封装中，一般焊盘间距单位为英寸(in)，其与英制(mil)和公制(mm)的换算关系是：1in =
1000 mil = 25.4 mm。如电阻封装为 AXIAL0.3，则该电阻的焊盘间距为 0.3 in。

5.2　原理图库元件的绘制

5.2.1　绘制单片机芯片 SAT89C51 元件

第一步：创建一个全新的原理图元件库文件，执行命令【File】→【New】→【Library】→
【Schematic Library】，系统会自动生成一个原理图元件库文件并打开原理图元件库文件的
编辑界面，如图 5-1 所示。

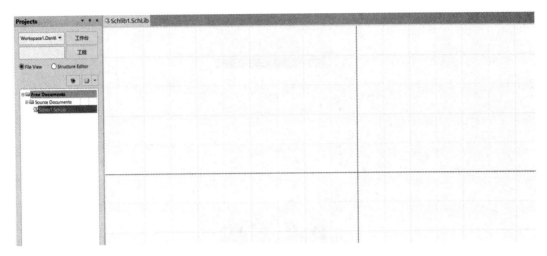

图 5-1　原理图元件库文件编辑界面

制作原理图元件库的主要工具是放置菜单工具及放置菜单中的 IEEE 符号工具箱，如图 5-2 所示。Place 菜单中的绘制原理图工具箱主要用于绘制元件，IEEE 符号工具箱主要用于放置信号方向、阻抗状态符号和数字电路基本符号等。

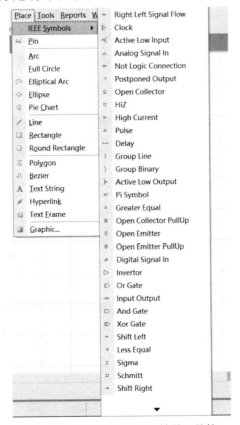

图 5-2　放置菜单及 IEEE 符号工具箱

第二步：执行命令【View】→【Workspace Panels】→【SCH】→【SCH Library】，打开原理图元件库编辑器，如图 5-3 所示。

图 5-3　原理图元件库编辑器

第三步：鼠标双击"Component-1"，或点击下方编辑按钮，弹出元件属性框，对元件的名称和属性进行编辑，如图 5-4 所示。修改结束后，元件名将从 Component-1 变为 SAT89C51。

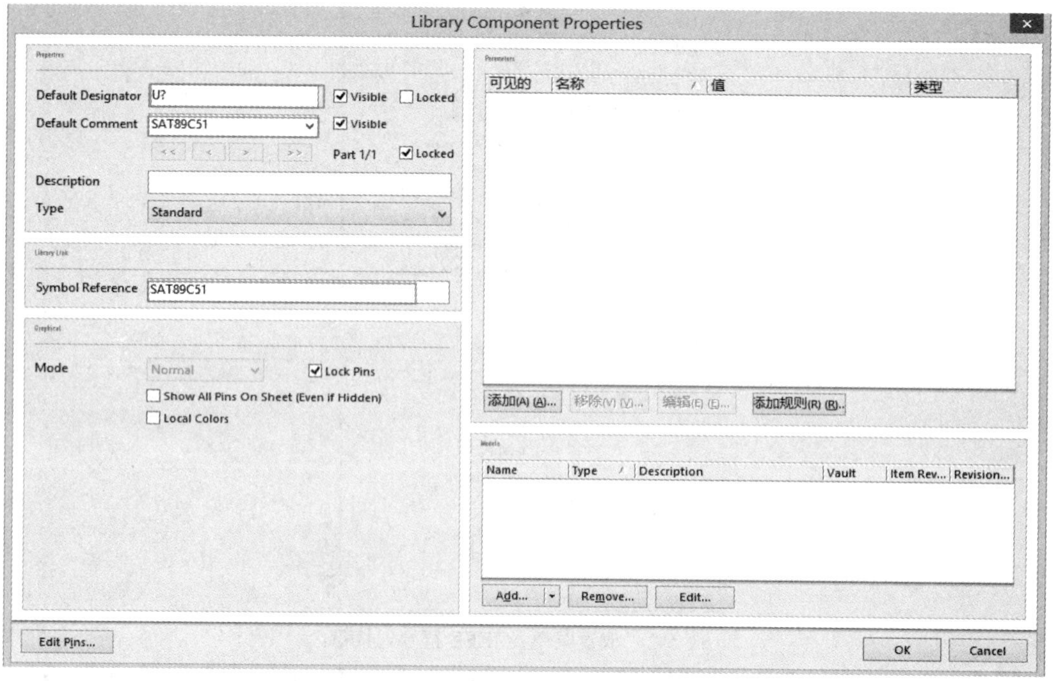

图 5-4　对新元件的属性进行编辑

第四步：执行命令【Place】→【Rectangle】，绘制 SAT89C51 的形状，如图 5-5 所示。

第五步：执行命令【Place】→【Pin】，放置元件引脚。放置时按空格键可将引脚旋转 90°。放置时应注意将具有电气属性的端点朝外，且端点要放在格点上，如图 5-6 所示。

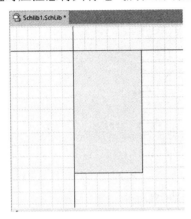

图 5-5　绘制原理图元件形状

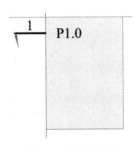

图 5-6　放置引脚

第六步：用鼠标双击引脚，对引脚属性进行修改，如图 5-7 所示。然后依次放置其他引脚，绘制好的 SAT89C51 元件如图 5-8 所示。

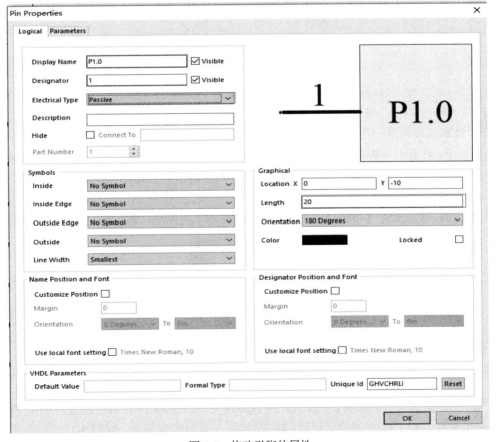

图 5-7　修改引脚的属性

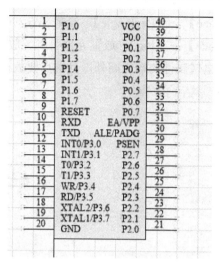

图 5-8　绘制好的 SAT89C51 元件

5.2.2　绘制含有子元件的库元件——LM358

绘制如图 5-9 所示的含有多个子元件的原理图元件 LM358。

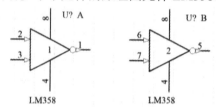

图 5-9　LM358 元件

1) 绘制元件的第一个子件

第一步：打开上一任务创建的原理图元件库，执行命令【Tools】→【New Component】，在弹出的对话框中输入新建的原理图元件的名称，创建新的原理图元件 LM358，如图 5-10 所示。

第二步：执行命令【Place】→【Line】，绘制元件的外形，如图 5-11 所示。

图 5-10　创建新的原理图元件 LM358

图 5-11　绘制元件的外形

第三步：执行命令【Place】→【Pin】，放置原理图元件引脚 1。在放置的过程中按 "Tab" 键，弹出如图 5-12 所示的界面。同理，对 2 号脚、3 号脚进行设置，如图 5-13、5-14 所示。完成引脚放置后的元件 LM358 如图 5-15 所示。

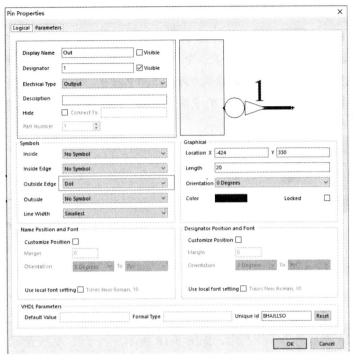

图 5-12 1 号脚的设置

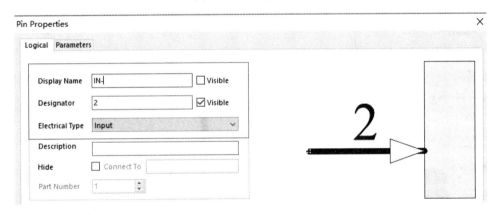

图 5-13 2 号脚的设置

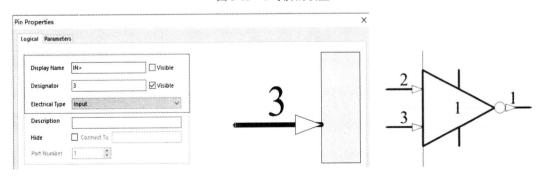

图 5-14 3 号脚的设置　　　　图 5-15 完成引脚放置的元件 LM358

2) 绘制元件的其他子件

第一步：建一个新的子件。执行命令【Tools】→【New Part】，在 SCH Library 面板库的库元件"LM358"的名称前面多了一个"＋"号，单击该"＋"号，就可看到该元件中有两个子件，前面绘制的子件系统默认为"Par A"，"Part B"即是新创建的，如图 5-16 所示。

第二步：把"Par A"中已画好的子件复制到"Part B"中，然后对其引脚的属性进行编辑，修改好的子件 B 如图 5-17 所示。

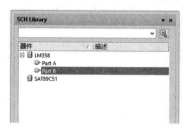

图 5-16　创建元件的子件

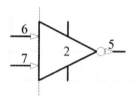

图 5-17　修改好引脚的子件 B

第三步：在子件"Par A"中添加公共电源引脚 8 和 4。打开子件"Par A"，执行菜单命令【Place】→【Pin】，放置 VCC 引脚和 GND 引脚。在放置这两个引脚时，必须把端口数目改为"0"，表示两个子件共用，如图 5-18 所示。当子件 A 放置好 VCC 引脚和 GND 引脚后，子件 B 会自动生成 VCC 引脚和 GND 引脚，如图 5-19 所示。

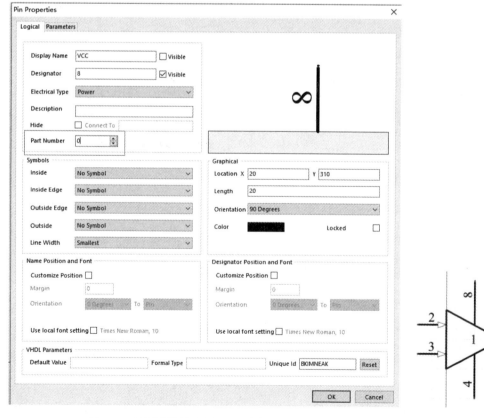

图 5-18　放置公用的电源 VCC 引脚　　　　　　图 5-19　放置 VCC 及 GND 引脚

第四步：隐藏电源引脚。在 Pin Properties 窗口勾选两个公共引脚属性中的"Hide"，在原理图就会对电源引脚进行隐藏(注意：引脚标识"GND、VCC"必须是对应原理图上的电源网络名称)，如图 5-20 所示。

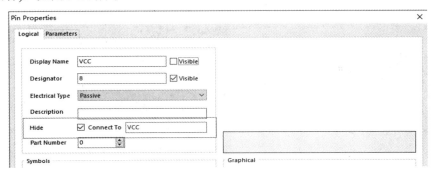

图 5-20　隐藏电源引脚

5.3　SAT89C51 元件 PCB 封装的绘制

5.3.1　手动绘制 SAT89 C51 元件的 PCB 封装(DIP40)

SAT89C51 元件的 PCB 封装尺寸如图 5-21 所示。元件 PCB 封装包括三个部分：封装名称、焊盘、丝印。相应分三步完成：编辑 PCB 封装，放置电气焊盘，绘制 PCB 图形。

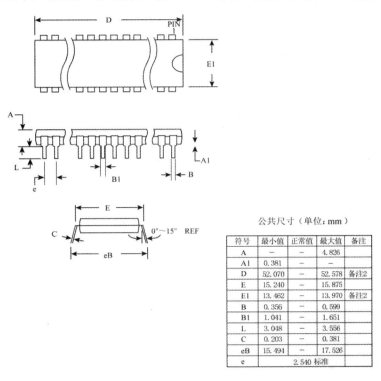

公共尺寸（单位：mm）

符号	最小值	正常值	最大值	备注
A	—	—	4.826	
A1	0.381	—	—	
D	52.070	—	52.578	备注2
E	15.240	—	15.875	
E1	13.462	—	13.970	备注2
B	0.356	—	0.599	
B1	1.041	—	1.651	
L	3.048	—	3.556	
C	0.203	—	0.381	
eB	15.494	—	17.526	
e		2.540 标准		

图 5-21　双列直插 PCB 封装尺寸

1) 新建 PCB 封装库文件，并设定 PCB 封装名称

首先创建一个全新的 PCB 元件封装库文件，执行命令【File】→【New】→【Library】→
【PCB Library】，生成一个 PCB 元件库文件，编辑界面如图 5-22 所示。

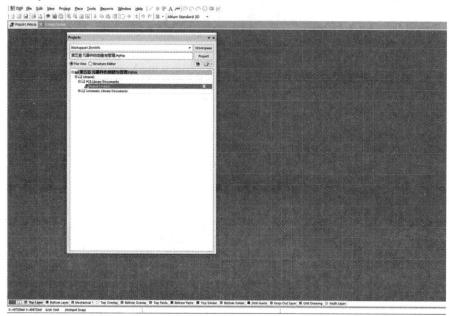

图 5-22　PCB 元件封装库文件编辑界面

用鼠标单击界面右下角面板控制中心的 "PCB"，打开 PCB 元件封装库的 PCB Library
工作面板，如图 5-23 所示。用鼠标双击元件，将新建好的元件封装命名为 "DIP 40"，
如图 5-24 所示。

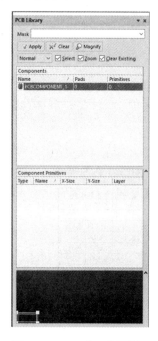

图 5-23　PCB 库工作面板　　　　　　　　图 5-24　PCB 库元件命名

2) 放置电气焊盘

从图 5-21 中的 PCB 封装尺寸得到焊盘对应的引脚信息有：①引脚的大小为"B"，对应最大值为"0.599 mm"，引脚上部最小外径为"1.041 mm"；②相邻两个焊盘之间的距离为"e"，最大值为"2.540 mm"；③两排引脚之间的距离为"eB"，最大值为"17.526 mm"。

设计封装焊盘尺寸的原则：要保证引脚能穿过焊盘的内孔。焊盘的内径一般为引脚最大值的 1.2～1.5 倍，但不能大于引脚上部最小值，否则芯片会掉下去；焊盘的外径一般选择内径的 1.5～2.0 倍。另外，两列焊盘之间的距离可以选择两排引脚之间的距离，或芯片塑封顶部的宽度，也可以选择二者之间的数。本例焊盘的内径选 0.8 mm，外径选 1.5 mm，两列之间的距离选择两排引脚之间的距离 17.5 mm。

第一步：设置原点。执行命令【Edit】→【Set Reference】→【Location】，在 PCB 库界面完成原点的设置，如图 5-25 所示。

第二步：放置第一排焊盘。执行命令【Place】→【Pad】，在放置过程中，按下"Tab"键进入属性界面，设置脚 1 焊盘的参数，如图 5-26 所示。该焊盘放置在工作区域的任意地方即可。然后复制该焊盘(复制时会出现一个十字光标)，再用鼠标单击焊盘，执行命令【Edit】→【Paste Special...】，选择粘贴阵列"Paste Array..."，弹出如图 5-27 所示的对话框。在对话框中对参数进行设置，单击"OK"按钮并放置在原点处，结果如图 5-28 所示。最后需要把多余的焊盘 1 删掉。在弹出的窗口用鼠标单击焊盘 1 后，按"Delete"键即可。

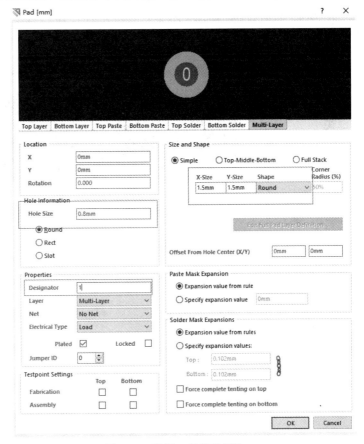

图 5-25　原点的设置　　　　　　图 5-26　设置 1 号焊盘属性

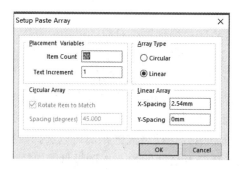

图 5-27　设置第一排粘贴阵列

图 5-28　放置第一排焊盘

第三步：放置第二排焊盘。先放置 40 号焊盘，再进行复制粘贴。在工作区域内任意位置放置一个焊盘，用鼠标双击焊盘，打开焊盘的属性框，设置参数，如图 5-29 所示，放置结果如图 5-30 所示。

按照第一排的复制粘贴方法，复制该 40 号焊盘并进行特殊粘贴，粘贴点放在 40 号焊盘上，粘贴阵列设置如图 5-31 所示。因为有两个 40 号焊盘，故要删除一个 40 号焊盘，同时把 1 号焊盘改为方形，如图 5-32 所示。完成焊盘的放置后，需要把多余的焊盘 1 删掉。在弹出的窗口用鼠标单击焊盘 1 后，按"Delete"键即可。

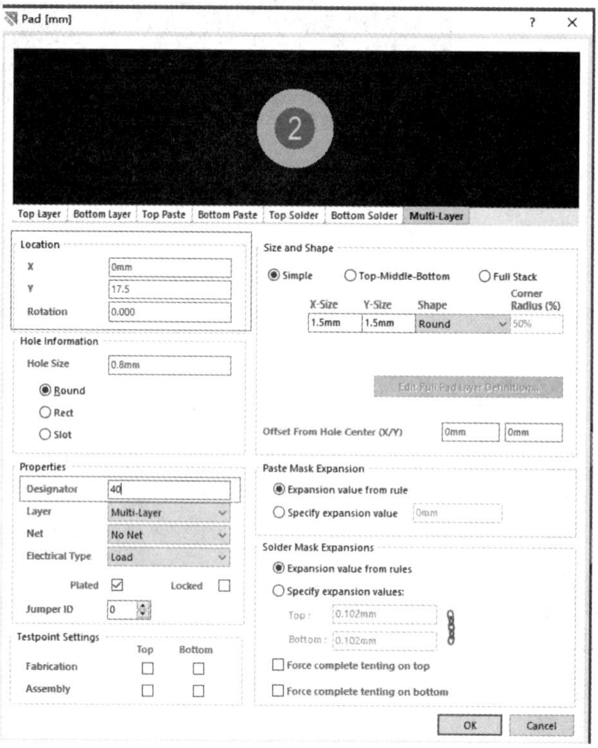

图 5-29　设置 40 号焊盘属性

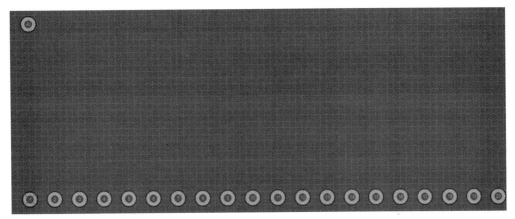

图 5-30　放置 40 号焊盘的结果

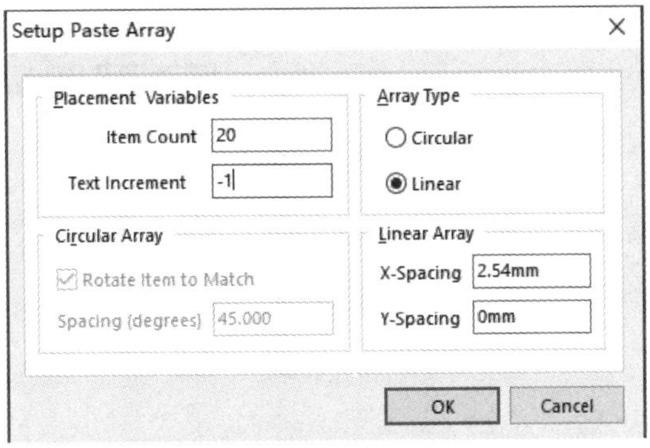

图 5-31　设置第二排粘贴阵列

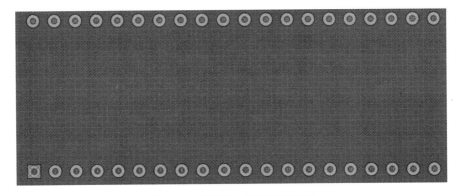

图 5-32　放置第二排焊盘的结果

3) 绘制 PCB 图形

从图 5-21 得到命令封装 PCB 图形的信息：长度 D = 52.578 mm，宽度 E1 = 13.970 mm，可以选择 D = 53 mm，E1 = 14 mm。

第一步：执行命令【Edit】→【Set Reference】→【Center】，把原点设置在焊盘的中心，把当前层切换到"Top Overlay"。

第二步：绘制两根直线。执行命令【Place】→【Line】，在任意位置画两根互相垂直的线，并修改其属性，如图 5-33 和图 5-34 所示，半开口图形放置结果如图 5-35 所示。

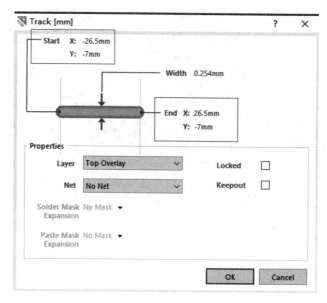

图 5-33　下水平线的设置

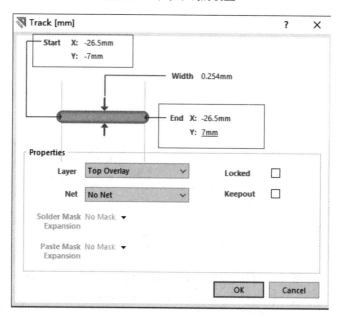

图 5-34　左垂直线的设置

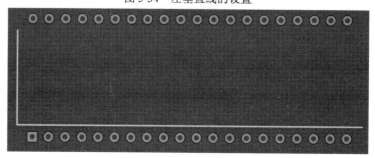

图 5-35　半开口图形放置结果

继续将水平线的末端和垂直线的末端用直角走线连接起来，完成整个外形的设计，最后，在 PCB 图形左端绘制半弧，完成后的 PCB 图形如图 5-36 所示。

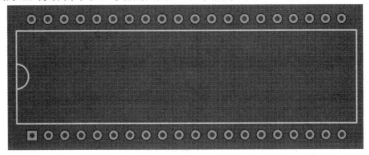

图 5-36　完成外形绘制的 PCB 图形

5.3.2　自动绘制 LM358 元件的 PCB 封装(SOP8)

LM358 元件是一个 SOP 贴片元件，它的 PCB 封装尺寸如图 5-37 所示。元件 PCB 封装包括三个部分：封装名称、焊盘、丝印。SOP 贴片元件的特点：PCB 外形一般都比贴片引脚外拓的面积小，故 PCB 封装的重点是画好贴片焊盘。本例采用元件向导制作 PCB 封装。

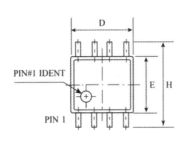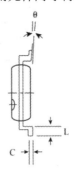

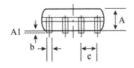

符号	单位（mm）			单位（in）		
	最小值	正常值	最大值	最小值	正常值	最大值
A	1.30	1.50	1.70	0.051	0.059	0.067
A1	0.06	0.16	0.26	0.002	0.006	0.010
b	0.30	0.40	0.55	0.012	0.016	0.022
C	0.15	0.25	0.35	0.006	0.010	0.014
D	4.72	4.92	5.12	0.186	0.194	0.202
E	3.75	3.95	4.15	0.148	0.156	0.163
e	——	1.27	——	——	0.050	——
H	5.70	6.00	6.30	0.224	0.236	0.248
L	0.45	0.65	0.85	0.018	0.026	0.033
θ	0°	——	8°	0°	——	8°

图 5-37　SMD 芯片 PCB 封装尺寸

首先分析元件封装信息：有用的封装数据有以下四个(单位为 mil)：b(引脚的宽度)、L(引脚的长度)、e(同边相邻两引脚之间的距离)、H(两列引脚之间的距离)。焊盘的选择原则：长度，选择引脚平均长度 L 的 1.5～2 倍，这里取 60 mil；宽度一般取引脚平均宽度 b 的 1.0～1.2 倍，考虑到贴片引脚一般比较多而且密，不用考虑太多的宽裕量，这里取 25 mil；相邻两焊盘之间的距离 e 为 50 mil，一般不能改；由于焊盘是加长的，两列焊盘之间的距离取 H 最小值即可，这里取 225 mil。

用向导制作封装的步骤如下：

第一步：执行命令【Tools】→【Component Wizard...】，弹出元件向导，如图 5-38 所示。在元件向导界面开始元件向导自动创建元件。

图 5-38　元件向导界面

第二步：选择元件图形及单位。在元件向导界面用鼠标单击"Next"按钮，弹出器件图案对话框，元件选择"Small Outline Packages(SOP)"，单位选择"Imperial(mil)"，如图 5-39 所示。完成后用鼠标单击"Next"按钮。

图 5-39　选择元件图形及单位

第三步：填写焊盘尺寸，如图 5-40 所示。在弹出的 Define the pads dimensions 对话框中，设置焊盘的长和宽，然后用鼠标单击"Next"按钮。

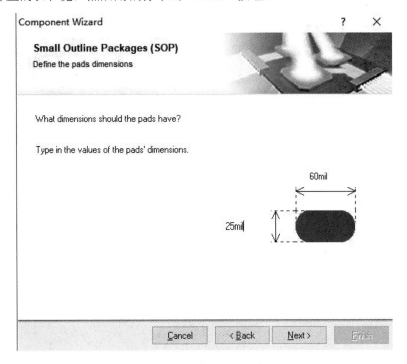

图 5-40　填写焊盘尺寸

第四步：填写焊盘间的距离。在弹出的 Define the pads layout 对话框中，设置焊盘的间距，如图 5-41 所示，然后用鼠标单击"Next"按钮。

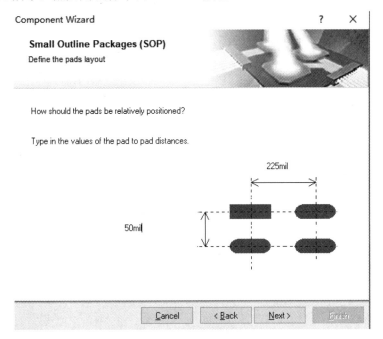

图 5-41　填写焊盘间的距离

第五步：指定轮廓宽度。在弹出的 Define the outline width 对话框中，外框宽度按默认选择即可，如图 5-42 所示。完成后用鼠标单击"Next"按钮。

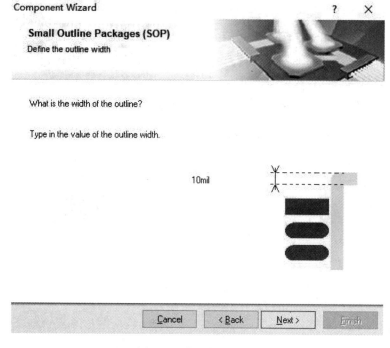

图 5-42　指定轮廓宽度

第六步：设置焊盘的数目。在弹出的 Set number of the pads 对话框中，定义焊盘的数量为 8，如图 5-43 所示。完成后用鼠标单击"Next"按钮。

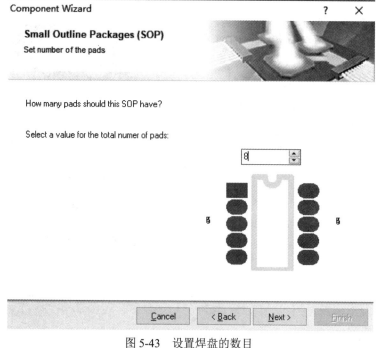

图 5-43　设置焊盘的数目

第七步：给新建的封装命名。在弹出的 Set the component name 对话框中，对创建的 PCB 封装命名为 SOP8，如图 5-44 所示。完成后用鼠标单击"Next"按钮。

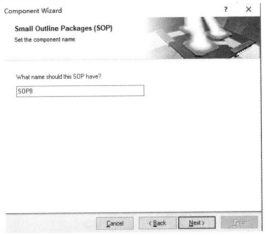

图 5-44　对新建的封装命名

第八步：完成封装。在接下来的对话框中，用鼠标单击"Finish"，即完成了封装 SOP8 的创建，如图 5-45 所示。

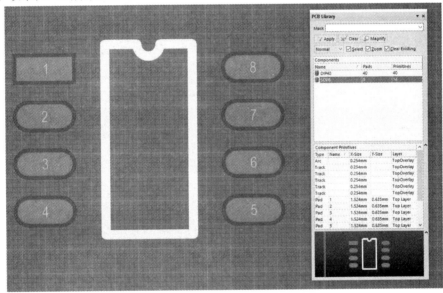

图 5-45　完成封装的创建

5.4　对原理图元件添加封装

打开前面设计好的原理图元件库，选择 LM358 元件，用鼠标双击后弹出其元件属性框，如图 5-46 所示。用鼠标单击"Add"，弹出 Add New Model 框，选择"Footprint"模型，如图 5-47 所示。用鼠标单击"OK"弹出 PCB 模型添加框，如图 5-48 所示。用鼠标单击"Browse…"弹出浏览库框，选择 SOP8，用鼠标单击"OK"即完成了 LM358 元件的封装添加，如图 5-49、图 5-50 所示。

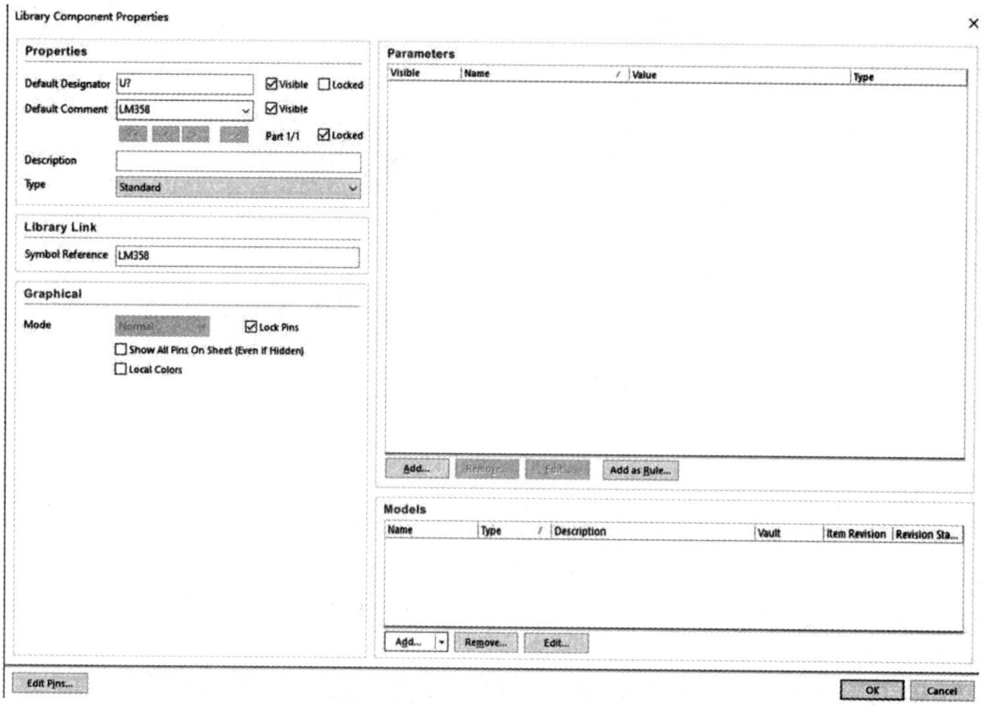

图 5-46　给原理图元件添加封装

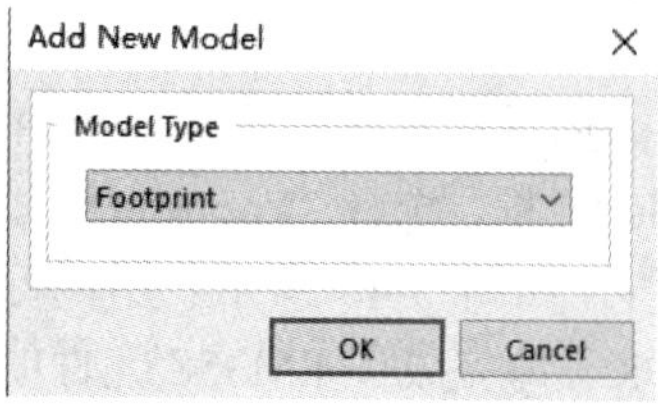

图 5-47　添加 Footprint 新模型　　　　　　　图 5-48　浏览 PCB 库选择封装

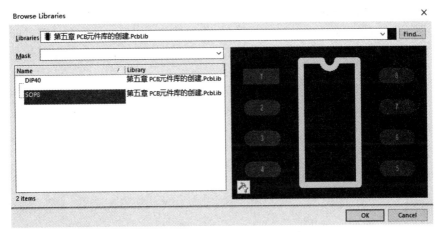

图 5-49　选择 SOP8 完成封装的添加

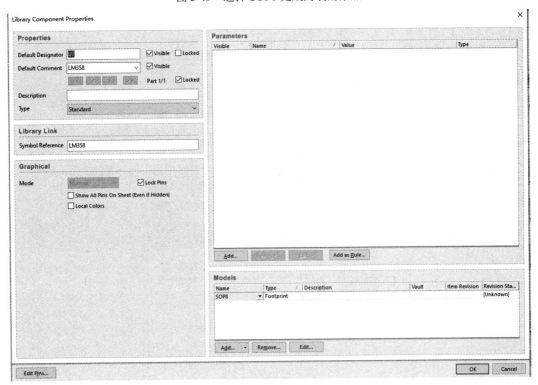

图 5-50　完成封装的添加

5.5　集成元件库的创建

集成元件库没有专门的编辑器，它是集成库文件包项目经过编译后的"产物"。就像将其他设计文件加入设计项目中一样，将独立的源库文件加入集成库文件包项目中，再经过编译，就可以生成集成元件库。本节以项目设计的原理图元件库和 PCB 元件库为例，创建一个集成元件库。

第一步：执行命令【File】→【New Project】，弹出创建元件集成库文件包项目界面，如图 5-51 所示。选择"Integrated Library"，修改文件名称以及文件保存位置，即可创建元件集成库文件包项目，最后用鼠标单击"OK"，即生成空的元件集成库文件包项目，如图 5-52 所示。

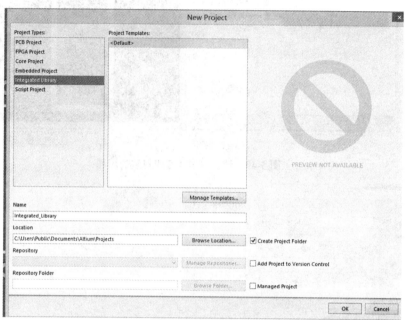

图 5-51　创建元件集成库文件包项目界面

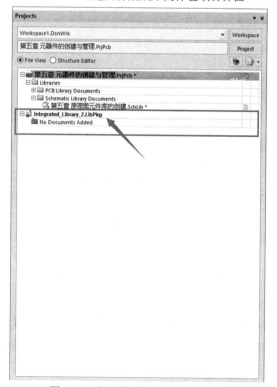

图 5-52　空的集成元件库封装项目

第二步：在项目中加入原理图元件库与 PCB 元件封装库，保存后用鼠标右击元件集成库工程包项目进行编译，生成完整的集成元件库，如图 5-53 所示。编译后的元件集成库文件将自动加载到当前库文件中，在 SCH Library 对话框中可以看到，如图 5-54 所示。

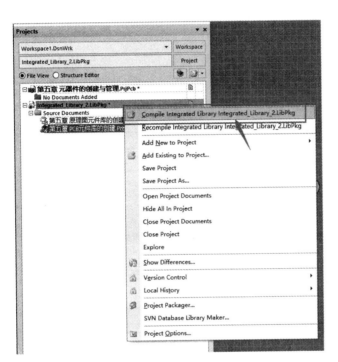

图 5-53　编译集成元件库项目　　　　图 5-54　生成集成库并加入当前库中

【本 章 小 结】

完成本章的学习后，读者应具备常用电子元件的原理图封装、PCB 封装、集成库的创建和应用的能力，为绘制各种电子产品的原理图打好基础。

第 6 章

单片机系统 PCB 设计

【学习目标】

学 习 目 标		学 习 方 式	课 时
知识目标	(1) 熟悉 PCB 的设计流程 (2) 熟悉添加元件封装库的方法 (3) 熟悉导入网络表的方法 (4) 熟悉规则设置的方法 (5) 熟悉模块化布局的方法	教师讲授	4 课时
技能目标	(1) 掌握 PCB 的设计流程 (2) 掌握 PCB 工具栏的应用 (3) 能添加元件封装库 (4) 能进行电路板的结构导入 (5) 能导入网络表 (6) 能进行规则设置 (7) 掌握常见电路模块的设计原则 (8) 能进行 PCB 模块化布局设计 (9) 能进行 PCB 布线设计 (10) 能进行 PCB 覆铜设计 (11) 能进行 PCB 验证设计	学生上机操作，教师 指导、答疑	

　　PCB 设计是将电路原理图变成实际的电路板的必由过程，是整个电路设计至关重要的一步。本章将通过 51 单片机系统 PCB 设计实例，介绍 PCB 项目的建立，封装库的添加，PCB 电路板设计的布局规划、布线设计及验证设计等过程。51 单片机系统的原理图如图 6-1 所示。

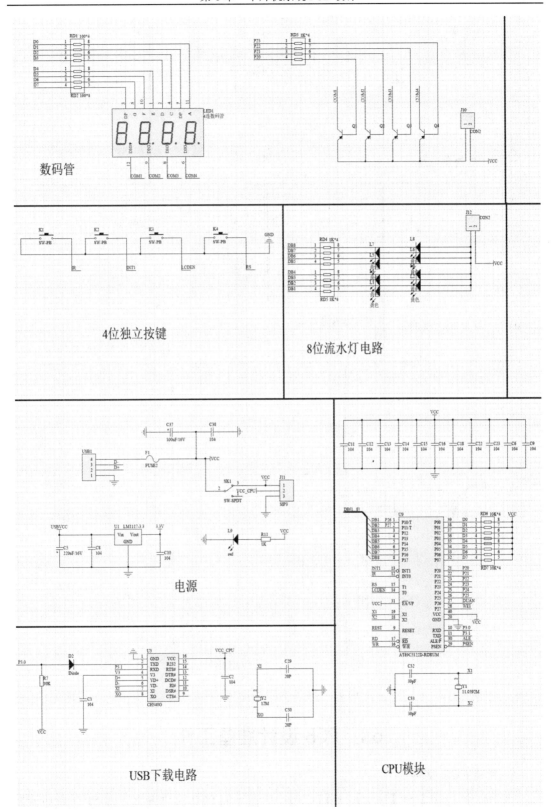

数码管

4位独立按键

8位流水灯电路

电源

USB下载电路

CPU模块

Altium Designer 原理图与 PCB 设计实战攻略

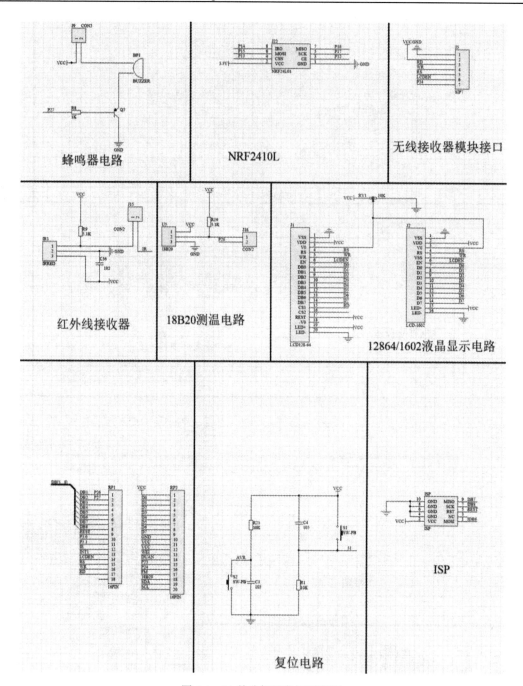

图 6-1　51 单片机开发板原理图

6.1　PCB 设计准备工作

1. 新建 PCB 文件

执行命令【File】→【New】→【PCB】，新建一个 PCB 文件并保存为 51 单片机开发板.PcbDoc，如图 6-2 所示。

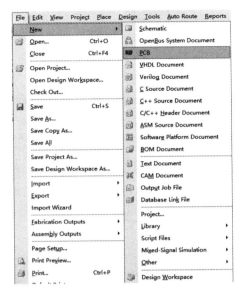

图 6-2　建立 51 单片机开发板.Pcbdoc 文件

2. 规划电路板尺寸

规划电路板主要是确定电路板的边界，包括物理边界和电气边界。主要通过导入结构图和定义板框两种方法实现。

第一种：导入结构图。

在新建的 51 单片机开发板.Pcbdoc 文件内，导入结构图。Altium Designer 15 支持直接导入.DXF 和.DWG 格式的文件。执行菜单命令【File】→【Import】，如图 6-3 所示。

在弹出的 Import File 对话框中，将输入文件格式选定为"AutoCAD Files (*.DXF；*.DWG)"，选中需要导入的结构文件，用鼠标单击"打开(O)"按钮，如图 6-4 所示。

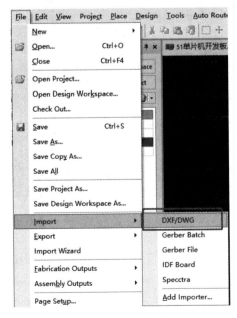

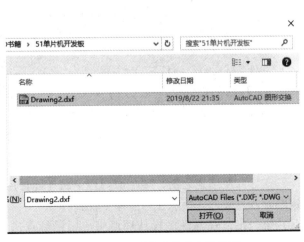

图 6-3　Import 命令　　　　　　　　图 6-4　导入结构文件的参数设置

第二种：定义板框。

Altium Designer 15 提供了一种定义板框的方法，即"Define from selected objects"，将选定目标定义为板框。

对于简单的图形，可以直接选择机械层如"Mechanical 1"，执行【Place】→【Line】命令，画出图形后定义或点击图标 中的 ，在 PCB 编辑界面中绘制尺寸大小为 110 mm×80 mm 的长方形；对于复杂的图形，则可以在执行完第一步导入结构图后，将结构数据定义为板框。

具体操作方法：先在 PCB 中选定组成板框的所有线段，然后执行命令【Design】→【Board Shape】→【Define from selected objects】，即可将选定的图形定义为板框，如图6-5 所示。

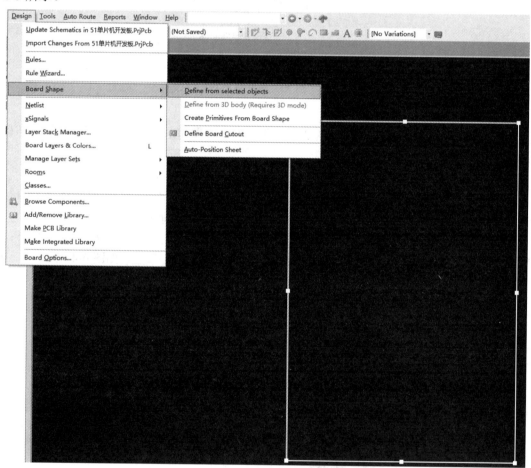

图 6-5　将选定图形定义为板框

3. 加载元件封装库

在导入网络表之前，要把原理图中所有元件所在的库添加到当前库中，保证原理图指定的元件封装形式都能在当前库中找到。

第一步，在原理图设计环境中，用鼠标点击"System"按钮，在弹出的选项中勾选"Libraries"项，如图 6-6 所示。

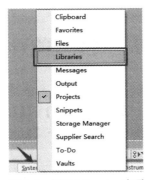

图 6-6　打开 Libraries 选项

　　第二步,在工作区域会出现 Libraries 标签页,用鼠标单击 Libraries 面板的"Libraries…"
选项，如图 6-7 所示。在弹出的 Available Libraries 对话框中打开 Installed 标签页面，用鼠
标单击"Remove"按钮，删除系统默认安装的元件库，然后，在"Install…"下拉菜单中
单击"Install from file…"命令，选择库文件，如图 6-8 所示。

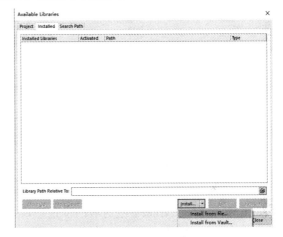

图 6-7　Libraries 选项区域　　　　　　　　　　　　图 6-8　添加库文件

　　第三步，打开项目对应元件库的目录(如本案例的加载路径为 E:\LIib)，选中"Protel
Footprint Library(* .PCBLIB")，找到准备好的元件库，用鼠标单击"打开(O)"即可，如图
6-9 所示。

图 6-9　添加元件封装库

6.2　网络表的导入

完成准备工作后，就可将网络表导入 PCB 板。导入网络表的操作步骤如下。

(1) 在原理图编辑环境下，执行命令【Design】→【Update 51 单片机开发板.PcbDoc】，或者在 PCB 编辑环境下，执行命令【Design】→【Import Changes From 51 单片机开发板.PrjPCB】。

(2) 弹出如图 6-10 所示的 Engineering Change Order 对话框，用鼠标单击 Execute Changes 按钮，执行更改，系统将检查所有的更改是否有效。

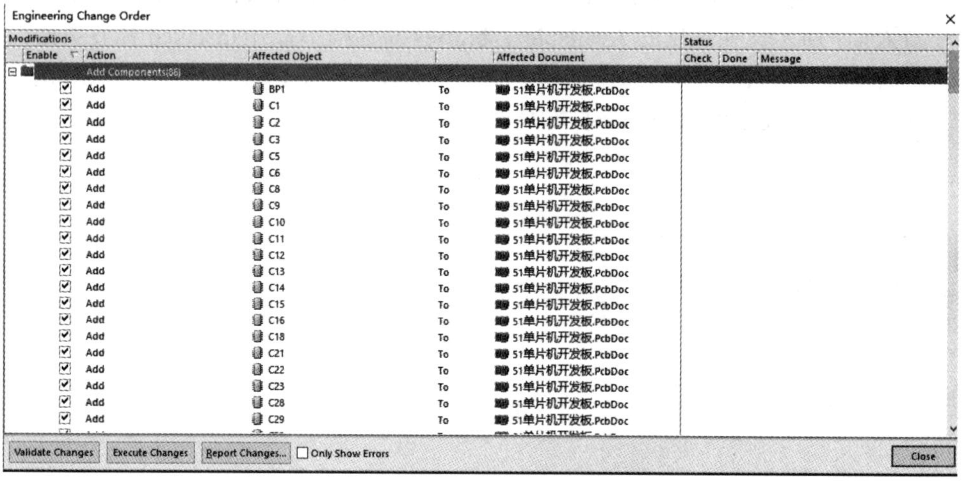

图 6-10　Engineering Change Order 对话框

如果有效，将在 Check 栏对应的位置打勾；若有错误，Check 栏对应的位置将显示红色错误标识。一般的错误都是因为元器件封装定义不正确，系统找不到指定的封装，或者设计 PCB 板时没有添加对应的封装库等造成的。此时，需要返回至原理图编辑环境中，对有错误的元器件进行修改，直到 Check 栏全为正确内容为止，如图 6-11 所示。

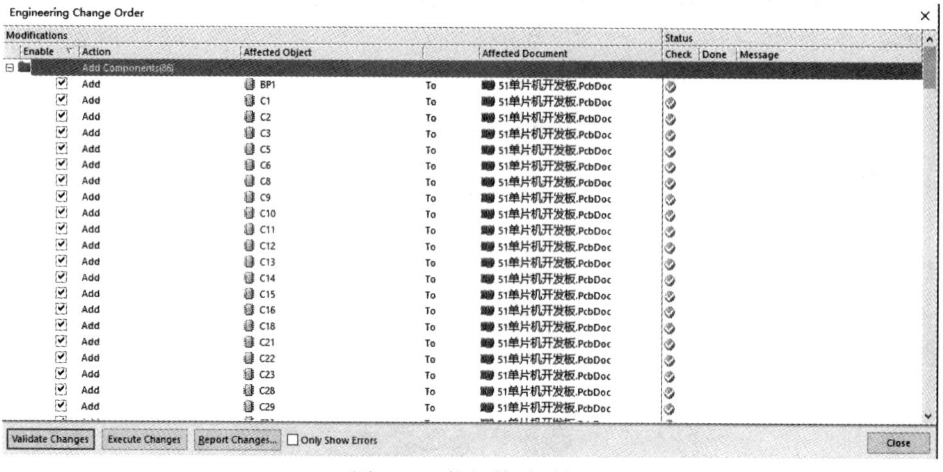

图 6-11　执行修改更新

在执行封装修改时，可以通过勾选"Only Show Errors"选项对错误进行单独显示，以便快速找到问题，对问题进行快速确认可以提高解决问题的效率，如图 6-12 所示。

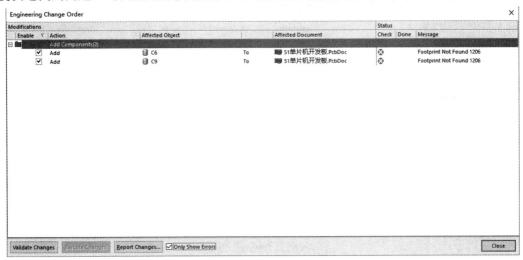

图 6-12　对导入网表错误问题单独显示

导入网络表完成后，系统将元件封装等加载到 PCB 文件中，如图 6-13 所示。

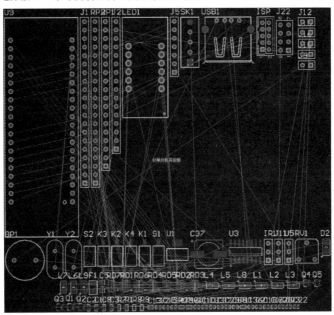

图 6-13　加载完成后的 PCB

6.3　规　则　设　置

元器件封装全部导入 PCB 文件后，对 PCB 进行规则设置。Altium Designer 15 具有方便快捷的规则约束管理图，可以通过快捷键"D + R"或执行【Design Rule(s)…】命令打开规则约束管理器，如图 6-14 所示。

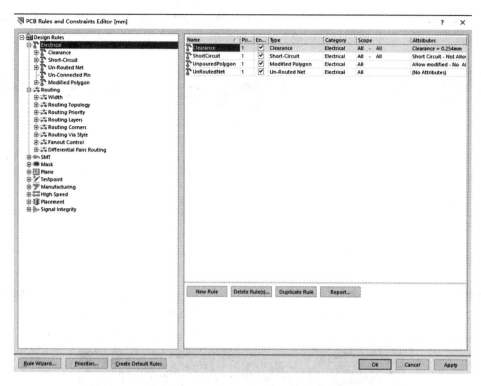

图 6-14　PCB 规则设置界面

在规则约束管理器中，对电路设计所需要的安全间距、线宽、过孔等基本设计要求进行规则约束定义，如图 6-15 所示。

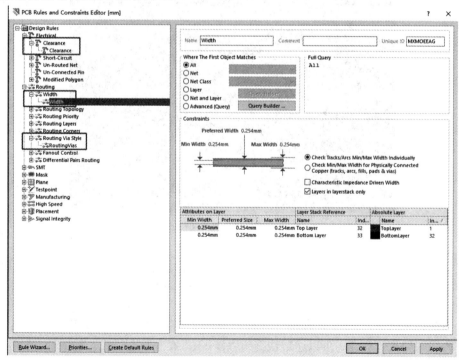

图 6-15　安全间距、线宽、过孔的规则选项卡

安全间距、线宽和过孔是必要的规则约束，其设置方法如下：

(1) 安全间距约束。

① 整板安全间距规则设置。在图 6-16 所示的 PCB Rules and Constraints Editor[mil]对话框中，在"Constraints"下的"Minimum Clearance"栏中填入 6 mil，并设置"Poly"-"All"的安全间距为 12 mil，"Poly"-"Via"的安全间距为 6 mil。

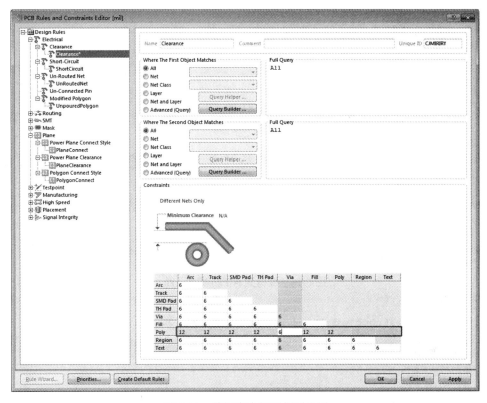

图 6-16　整板安全间距规则设置

② 板框到 All 的规则设置。在规则设置界面的"Clearance"下，新建子规则。鼠标右击"Clearance"栏，在弹出的快捷菜单中执行菜单命令【New Rule...】，如图 6-17 所示。在弹出的新规则设置对话框中，按如图 6-18 所示进行设置，前提条件是要把板框复制到 Keep-Out Layer 层。

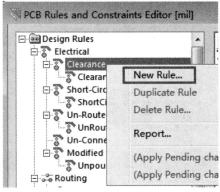

图 6-17　新建子规则

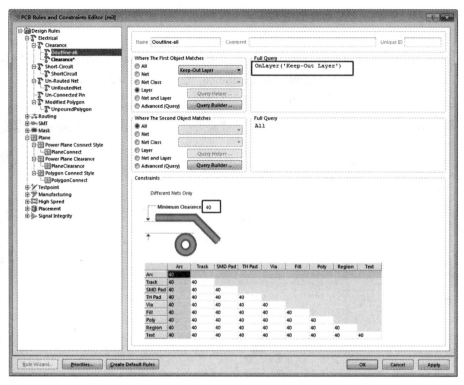

图 6-18　板框到 All 的规则设置

(2) 线宽约束。

① 设置整板默认的线宽规则，将每层的线宽设置为 8 mil，如图 6-19 所示。

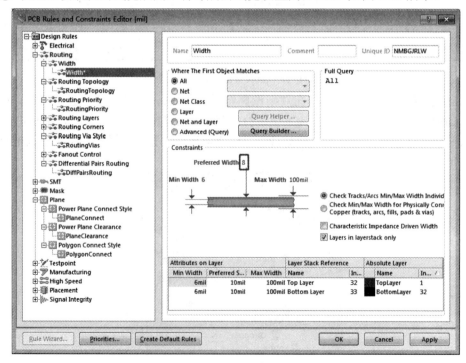

图 6-19　设置整板默认线宽

② 类的设置。执行命令【Design】→【Classes...】，弹出 Object Class Explorer 对话框，移动鼠标到 "Net Classes" 右击，然后左击 "Add Class"，如图 6-20 所示。修改新的子规则名称 "Net Class" 为 "POWER"，如图 6-21 所示，然后在子规则中添加电源类型。首先在 Non-Members 对话框中输入电源的名称，再选择电源类型(Power)后点击 ">"，电源类型就显示在 "Members" 对话框中，如图 6-22 所示。所有电源类型添加完成后，就完成了类的设置。

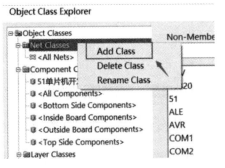

图 6-20　添加子规则

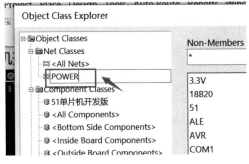

图 6-21　修改子规则名称

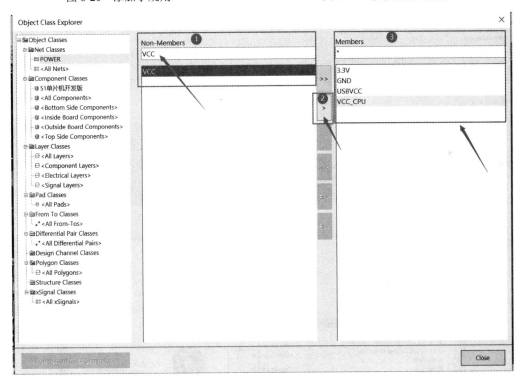

图 6-22　在子规则中添加电源类型

③ 电源类(Power)的线宽规则约束。电源线的线宽通常比信号线的线宽大，一般使用 12 mil 的线宽。设置步骤如下：执行命令【Design】→【Rules...】，在 PCB Rules and Constraints Editor[mil] 对话框中用鼠标右击 "Width" 下的 "New Rules..."，再单击 "Width-1"，在 "Name" 一栏修改名称为 "POWER"，在 "Where The First Object Matches" 下用鼠标单击 "Net Class"，在 "All" 选项中选择之前设置的类规则 "POWER"，然后在 "Constraints" 栏下设置电源

的最小线宽 8 mil，最大线宽 100 mil，首选线宽 12 mil，如图 6-23 所示。

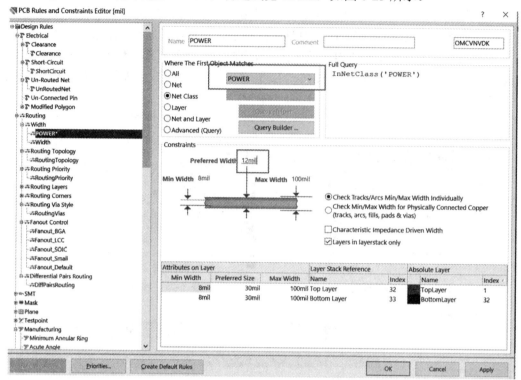

图 6-23　设置电源类型规则

(3) 过孔(VIA)设置。

本案例使用尺寸为 10/22 mil 的过孔进行电路设计。在规则设置界面中的 Routing Via Style 一栏进行如图 6-24 所示的设置。

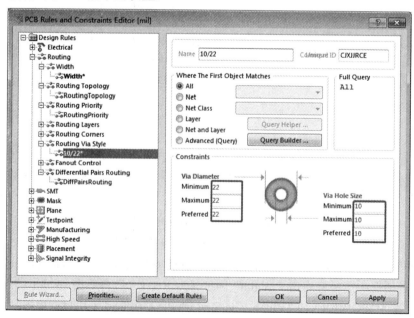

图 6-24　过孔设置

(4) 灌铜连接方式设置。

① 整板灌铜的连接方式：对于元器件引脚与灌铜的连接方式，本案例采用花焊盘连接。在规则设置界面中的 Polygon Connect style 栏中进行如图 6-25 所示的设置。

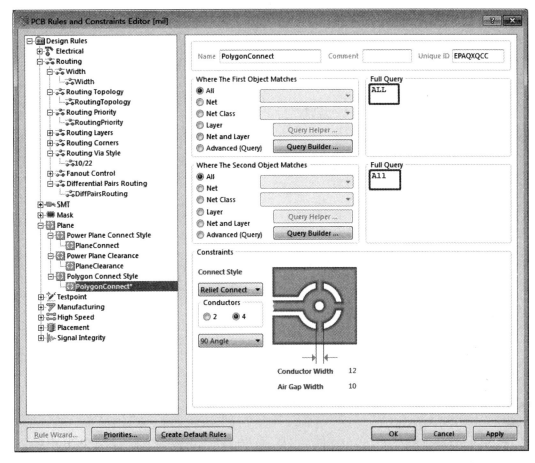

图 6-25　整板灌铜连接方式

② 过孔与灌铜的连接方式：在规则设置界面的 "Polygon Connect style" 下，新建子规则。鼠标右击 "Polygon Connect style"，在弹出的快捷菜单中执行命令【New Rule...】，如图 6-26 所示。过孔与灌铜的连接采用全连接的方式，在弹出的新规则设置界面，按如图 6-27 所示进行设置即可。

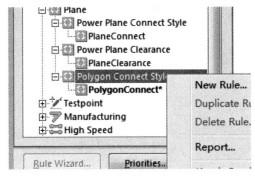

图 6-26　新建子规则

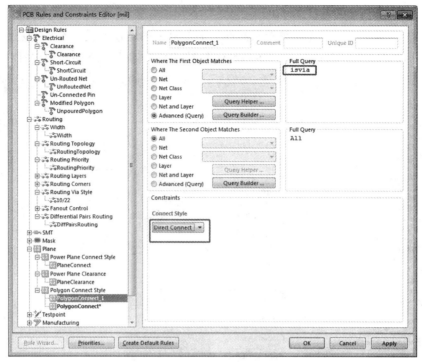

图 6-27　过孔与灌铜的连接方式

6.4　差分对的设置

6.4.1　定义差分对

在 Altium Designer15 中，差分对的定义既可以在原理图中实现，也可以在 PCB 中实现。

1. 在原理图中定义差分对

操作步骤如下：

(1) 打开 STM 32 核心板工程文件中的原理图文件，执行命令【Place】→【Directives】→【Differential Pair】，进入放置差分对指示记号状态，按 "Tab" 键就可以打开差分对属性对话框，需要确认 "Value" 项的设置为 "True"。

(2) 在要定义为差分对的 "D＋" 和 "D－" 线路上，单击放置一个差分对指示记号，如图 6-28 所示。

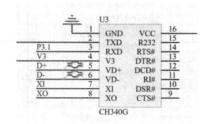

图 6-28　放置差分对指示记号

(3) 完成差分对网络的定义后，更新 PCB 文件。

2. 在 PCB 中定义差分对

操作步骤如下：

(1) 打开 STM 32 核心板工程文件中的 PCB 文件。

(2) Altium Designer15 软件的右下角用鼠标单击"PCB"图标中的 PCB 快捷菜单，打开 PCB 面板，选择"Differential Pairs Editor"类型，然后用鼠标单击"<All Differential Pairs>"，如图 6-29 所示。

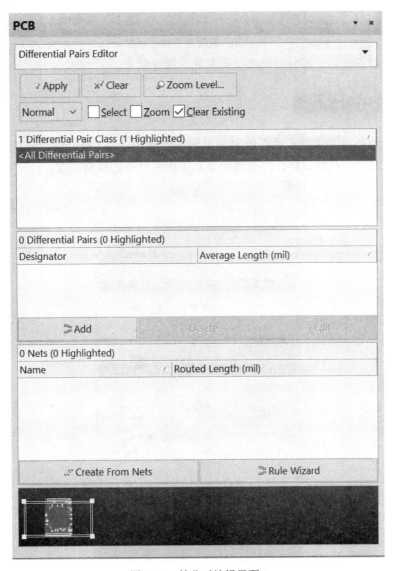

图 6-29　差分对编辑界面 1

(3) 在"Differential Pairs"栏，用鼠标单击"Add"按钮，进入差分对设置界面，在 Positive Net 和 Negative Net 栏内分别选择差分对的正负信号线，然后在 Name 栏输入差分对的名称："USB"，最后用鼠标单击"OK"按钮退出设置，如图 6-30 所示。

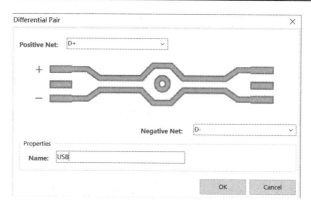

图 6-30　新增差分对对话框

完成差分对设置后，差分对网络呈现灰色的筛选状态。

6.4.2　设置差分对的规则

在完成了差分对网络定义后的 PCB 差分对编辑器中，会出现全部差分对组，如图 6-31 所示。在本实例中，具体讲解使用规则向导来实现差分对的规则设置。

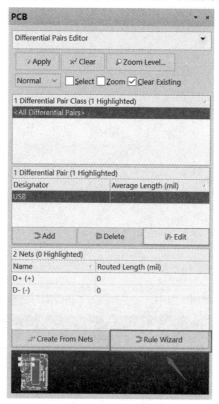

图 6-31　PCB 差分线编辑界面 2

(1) 选中所有差分对，用鼠标单击规则向导"Rule Wizard"，进入差分对规则向导编辑界面。继续单击"Next"按钮，进入设计规则名称编辑界面，按照默认设置即可。

(2) 继续用鼠标单击"Next"按钮，进入差分对规则名称设置界面，填写名称，如图

6-32 所示。在 Prefix 栏中输入 DiffPair_+ 差分对的名称。

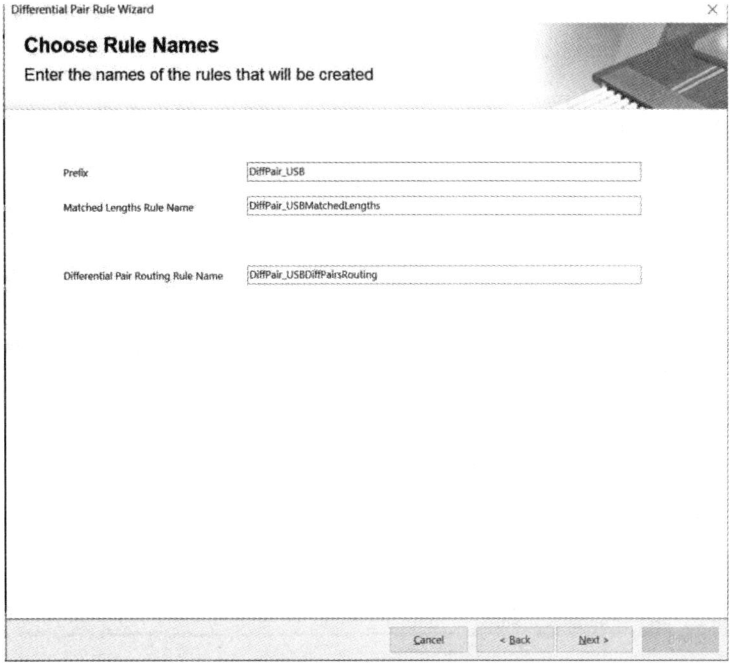

图 6-32　差分对名称设置界面

(3) 继续用鼠标单击“Next”按钮，进入差分对等长规则设置界面，如图 6-33 所示。在本例中，采用默认设置即可。

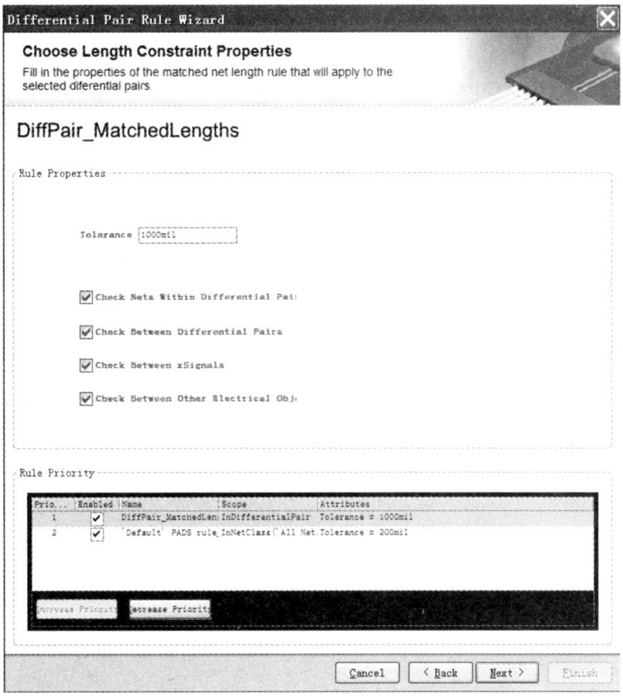

图 6-33　差分对等长规则设置

(4) 继续用鼠标单击“Next”按钮，进入差分对线宽、线距设置界面，如图 6-34 所示。

在本例中，线宽设置为 5.5 mil，线距设置为 6 mil。

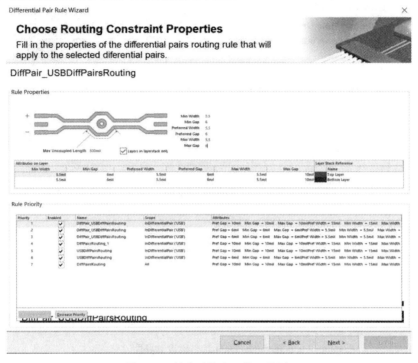

图 6-34　差分对线宽、线距设置

(5) 继续用鼠标单击"Next"按钮，在弹出的对话框中，单击"Finish"按钮，完成差分对规则向导设置，如图 6-35 所示。

图 6-35　差分对规则设置

6.4.3 布线差分对

执行命令【Place】→【Interactive Differential Pair Routing】，
或在快捷工具栏内用鼠标单击 图标，进入差分对布线状态。
在差分对布线状态下，定义了差分对的网络会高亮显示。用鼠
标单击差分对任意一根网络，可看到两条线同时布线，如图
6-36 所示。同理，继续完成其余差分对的布线工作。

图 6-36 差分对布线实例

6.5 PCB 模块化布局设计

1. 优先布局原则

在本案例中有许多的接插件，在进行 PCB 设计时，通常优先将需要接插的元件放置于
板框边，以便进行插拔，如图 6-37 所示。

对于有顺序要求的多个按钮或矩阵开关等电路模块，应充分考虑元件的摆放位置，以
及是否便于进行按键操作等，遵循靠近板框边缘没有高元件等遮挡物的原则进行优先布局，
如图 6-38 所示。

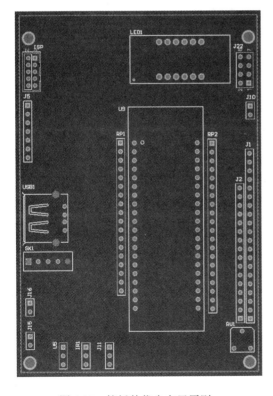

图 6-37 接插件优先布局原则

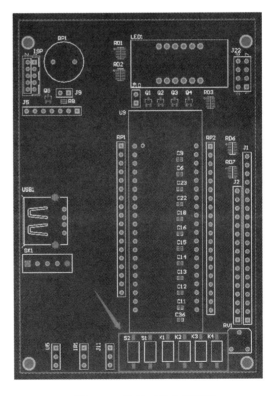

图 6-38 按键开关布局原则

2. 模块化布局设计

对需要进行优先处理的模块进行规划后，对整板电路进行布局。对于众多元件，容易眼花缭乱，此时可以通过 Altium Designer 15 提供的强大的交互选择模式对电路进行快速模块化布局，具体的操作步骤如下：

第一步，同时打开原理图及 PCB，执行命令【Window】→【Tile Vertically】，将原理图与 PCB 分开垂直显示在工作界面，如图 6-39 所示。

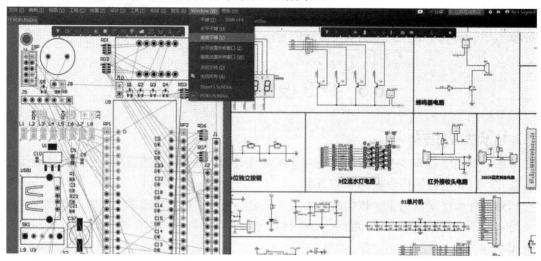

图 6-39　分开垂直显示原理图与 PCB

第二步，执行命令【Tools】→【Cross Select Mode】，将原理图与 PCB 进行交互，此时，框选 PCB 中的元器件和原理图中对应的元器件就会高亮选择，若选择原理图中的元器件，PCB 中的元器件亦会同时高亮，如图 6-40 所示。

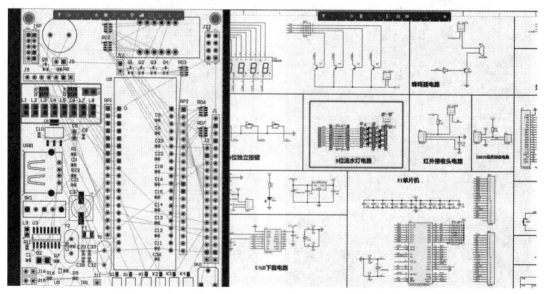

图 6-40　交互选择元器件

第三步，选择对应模块高亮后，按快捷键"T＋O＋L"或执行命令【Tools】→【Component

Placement】→【Arrange Within Rectangle】，在 PCB 中的空旷区域画一个框，就可以将框中高亮元器件从杂乱的元器件中区分出来，如图 6-41 所示。

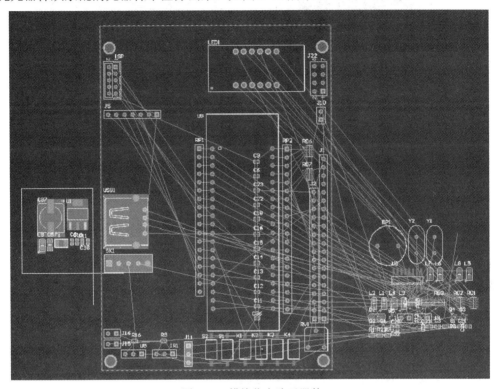

图 6-41　模块化电路元器件

注：优先进行布局的接插件和按钮等可以通过鼠标双击元器件然后锁定，避免打乱原有确定的位置，如图 6-42 所示。

图 6-42　锁定元器件

完成以上步骤后，通过对不同模块的电路进行分离，便实现了快速模块化布局，不必一个一个地选择元器件来进行布局，实现高效快捷对复杂电路进行初步布局，如图 6-43 所示。

完成对 PCB 的布局后，接下来进行布线工作。布线是在面板上通过导线和过孔对元器件进行连接的过程。在本章的实例中，采用手动方式进行 PCB 交互式布线。布线后的效果如图 6-44 所示。

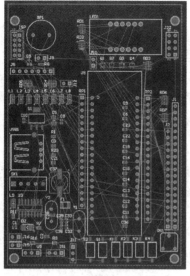

图 6-43　完成的整板布局

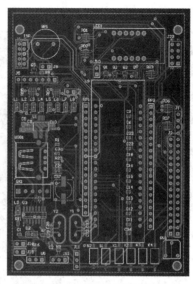

图 6-44　完成布线的 PCB

6.6　PCB 覆铜处理

完成 PCB 的布线后，在图 6-44 中可以看到，PCB 上还存在一些飞线。这些飞线属于 GND 网络，可以在 TOP 层和 Bottom 层进行灌铜处理。

用鼠标单击 Wiring 工具栏中的 █ 图标或执行命令【Place】→【Polygon Pour...】，进入绘制多边形灌铜框操作界面，在弹出的 Polygon Pour[mil]对话框中，按照如图 6-45 所示的设置完成 GND 网络的灌铜设置。

接下来分别在 TOP 层和 Bottom 层绘制多边形灌铜，如图 6-46 所示。完成灌铜后的 PCB 效果如图 6-47 所示。

图 6-45　灌铜设置

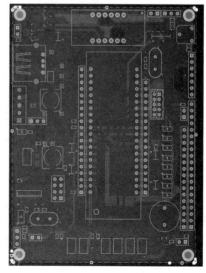

图 6-46　绘制灌铜框

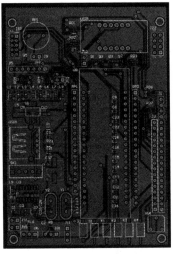
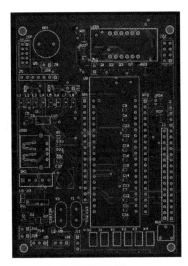

TOP 层　　　　　　　　　　　　　　　　BOTTOM 层

图 6-47　灌铜效果

6.7　设计规则检查

为了验证 PCB 设计是否符合电路设计要求，用户可以利用 Altium Designer15 软件的设计规则检查功能(DRC)进行验证。执行命令【Tools】→【Design Rule Check】，打开 Design Rule Checker[mil]对话框，如图 6-48 所示。

图 6-48　Design Rule Checker [mil] 对话框

用鼠标单击 Report Options 菜单，保持默认状态下"DRC Report Options"区域的所有选项，并单击 Run Design Rule Check... 按钮，出现设计规则检查报告，并同时打开一个 Messages 消息窗口，如图 6-49 所示。用鼠标单击 PCB 窗口再双击 Messages 窗口，各个说明可以精确地跳转到 PCB 存在错误的地方，用户可以根据提示的错误信息对 PCB 进行修改和优化。

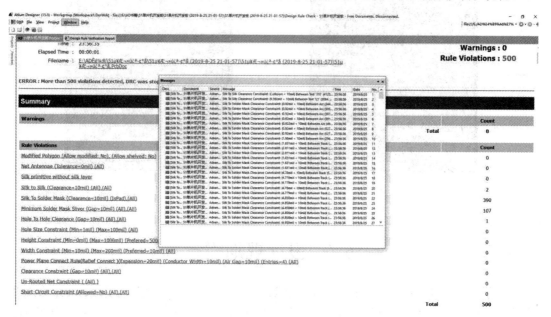

图 6-49　设计规则检查报告

【本 章 小 结】

通过本章的学习，读者能够了解基于 Altium Designer 15 进行 PCB 设计的流程，能够熟练进行元件的布局操作和 PCB 的布线操作，能够完成基于 Altium Designer15 的 51 单片机板的 PCB 设计。

STM32 核心板 PCB 设计

【学习目标】

学习目标		学习方式	课　时
知识目标	(1) 熟悉 PCB 板框设置知识 (2) 掌握 PCB 板层数的设置知识 (3) 掌握结构限制元器件的布局知识 (4) 掌握电路模块化布局知识 (5) 掌握外围模块布局知识 (6) 掌握规则约束设置知识 (7) 掌握 PCB 布线设计知识 (8) 掌握 PCB 覆铜处理知识 (9) 掌握设计后期优化及验证知识	教师教授	2 课时
技能目标	能进行 STM32 核心板 PCB 设计	学生上机操作，教师指导、答疑	

7.1　STM32 核心板原理图的设计

STM32 核心板原理图如图 7-1 所示。

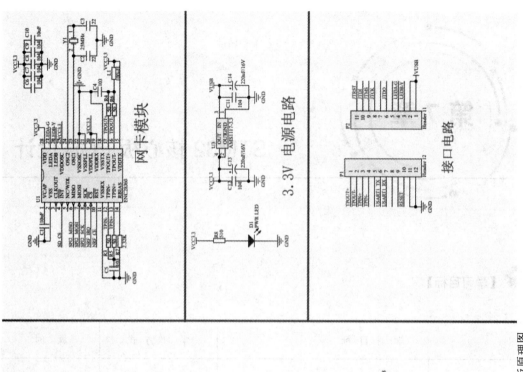

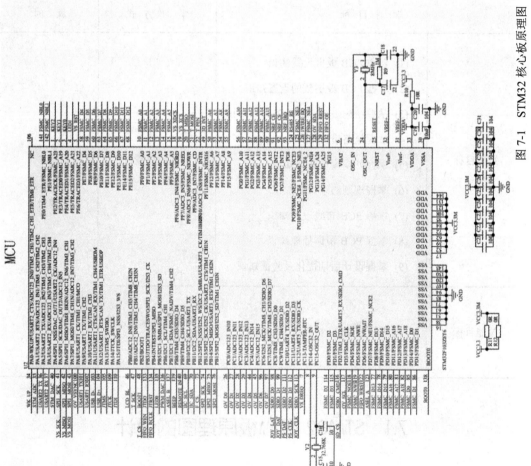

图 7-1 STM32 核心板原理图

7.2　STM32 核心板的 PCB 设计

7.2.1　PCB 板框设置

在 Altium Designer15 的 PCB 编辑界面中，通过"Place Line"命令绘制板框所需大小的闭合形状，步骤如下：

(1) 打开 Altium Designer15 软件，执行菜单命令【Fill】→【New】→【PCB】，新建一个 PCB 文件，选择机械层如 Mechanical 1，执行命令【Place】→【Line】或用鼠标单击图标 中的 ，在 PCB 编辑界面中绘制尺寸大小为 45 mm × 35 mm 的长方形，如图 7-2 所示。

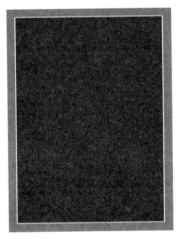

图 7-2　绘制板框

(2) 框选绘制的板框，执行菜单命令【Design】→【Board Shape】→【Define from selected objects】，生成板框，如图 7-3 所示。

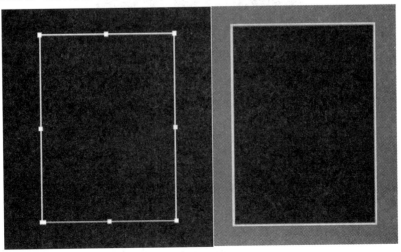

图 7-3　板框效果图

7.2.2　PCB 板层设置

执行命令【Design】→【Layer Stack Manager...】，弹出层叠设置界面。本案例是双面板，设置层数为两层板，如图 7-4 所示。

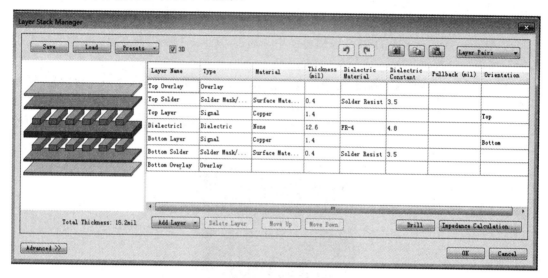

图 7-4　层叠设置界面

7.2.3　结构限制元器件布局

选择座子，移动放置于板边，因为没有结构要求，可根据常规设计座子靠近板边放置，如图 7-5 所示。

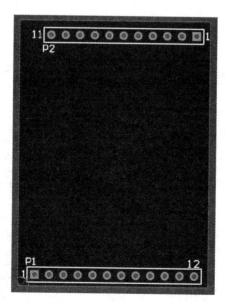

图 7-5　结构限制元器件放置图

7.2.4　电源模块化布局

根据如图 7-6 所示的电源模块原理图，抓取元器件进行布局，如图 7-7 所示。

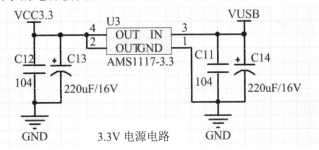

图 7-6　电源模块原理图

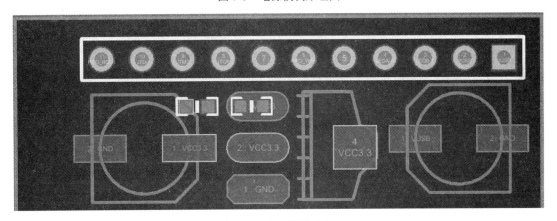

图 7-7　电源模块布局

7.2.5　外围模块布局

抓取元器件，根据电路原理图的信号流向进行整板布局，如图 7-8 所示。

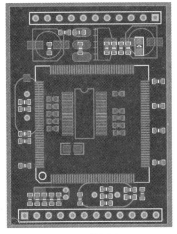

图 7-8　整板布局

7.2.6　规则约束设置

本节 STM 核心板的规则约束设置参见 6.3 节的内容。

7.2.7　差分对的设置

1. 差分对

在 Altium Designer15 中，差分对的定义既可以在原理图中实现，也可以在 PCB 中实现。

1) 在原理图中定义差分对

操作步骤如下：

(1) 打开 STM32 核心板工程文件中的原理图文件，执行命令【Place】→【Directives】→【Differential Pair】，进入放置差分对指示记号状态，这时按"Tab"键就可以打开差分对属性对话框，需要确认"Value"项的设置为"True"。

(2) 在要定义为差分对的"TPOUT+"和"TPOUT–"以及"TPIN+"和"TPIN–"线路上，用鼠标单击放置差分对指示记号，如图 7-9 所示。

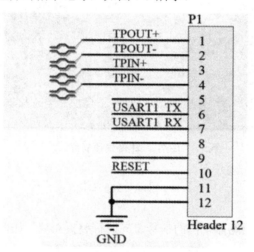

图 7-9　放置差分对指示记号

(3) 完成差分对网络的定义后，更新 PCB 文件。

2) 在 PCB 中定义差分对

操作步骤如下：

(1) 打开 STM32 核心板工程文件中的 PCB 文件。

(2) 在 Altium Designer15 软件的右下角，用鼠标单击"PCB"中的 PCB 快捷菜单，然后打开 PCB 面板，选择"Differential Pairs Editor"类型，最后点击"<All Differential Pairs>"，如图 7-10 所示。

(3) 在 Differential Pairs 栏，用鼠标单击"Add"按钮，进入差分对设置界面，在"Positive Net"和"Negative Net"栏分别选择差分对的正负信号线，再在 Name 一栏输入差分对的名称"TPOUT"，最后用鼠标单击"OK"按钮退出设置，如图 7-11 所示。

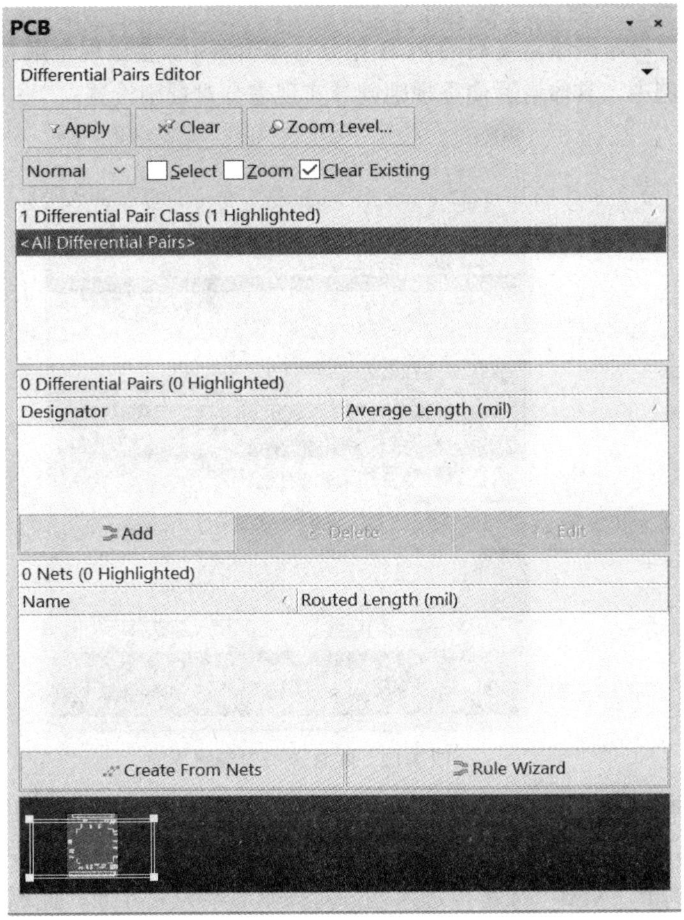

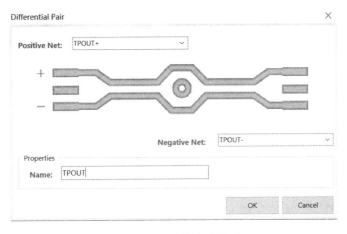

图 7-10　差分对编辑界面

图 7-11　新增差分对界面

完成差分对设置后，差分对网络呈现灰色的筛选状态。同样的操作，依次建立其余三对差分对：TPIN － & TPIN ＋、VREF － & VREF ＋、USB_D － & USB_D ＋。

2. 设置差分对规则

在完成了差分对网络定义后的 PCB 差分对编辑器中，会出现全部差分对组，如图 7-12 所示。在本实例中，具体讲解使用规则向导实现差分对规则设置。

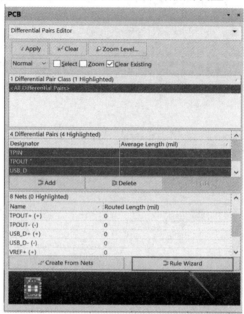

图 7-12　PCB 差分对编辑界面

(1) 按"Ctrl + A"键全选差分对，鼠标单击规则向导"Rule Wizard"，进入差分对规则向导编辑界面，再单击"Next"按钮，进入设计规则名称编辑界面，按照默认设置即可。

(2) 继续单击"Next"按钮，进入差分对规则名字设置界面，此例为默认名称，如图 7-13 所示。在"Prefix"栏中输入 DiffPair_ + 差分对的名称。

图 7-13　差分对名称设置界面

(3) 继续单击"Next"按钮，进入差分对等长规则设置界面，如图 7-14 所示。在本例中，采用默认设置即可。

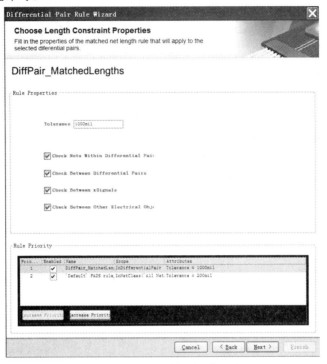

图 7-14　差分对等长规则设置

(4) 继续单击"Next"按钮，进入差分对线宽线距设置界面，如图 7-15 所示。在本例中，线宽和线距均设置为 10 mil。

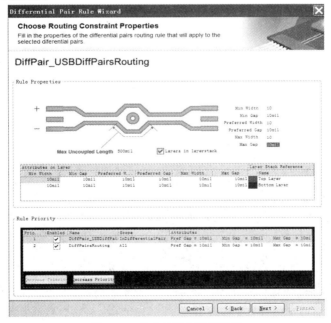

图 7-15　差分对线宽线距设置

(5) 继续单击"Next"按钮，在弹出的对话框中，用鼠标单击"Finish"按钮，完成差分对的规则向导设置，如图 7-16 所示。

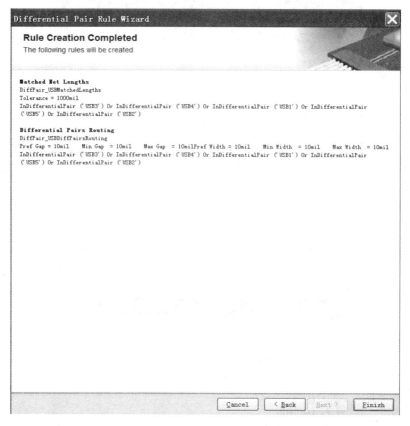

图 7-16　差分对规则设置

3. 布线差分对

执行命令【Place】→【Interactive Differential Pair Routing】，或在快捷工具栏内用鼠标单击 图标，进入差分对布线状态。在差分对布线状态下，定义了差分对的网络会高亮显示。用鼠标单击差分对任意一根网络，可看到两条线同时在布线，如图 7-17 所示。同理，继续完成其余差分对的布线工作。

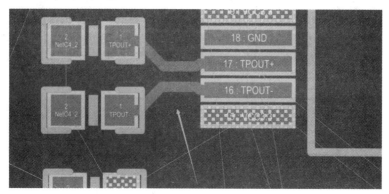

图 7-17　差分对布线实例

7.2.8　PCB 布线设计

完成规则约束设置后，进行 PCB 布线工作。PCB 布线是在面板上通过导线和过孔对元件进行连接的过程。在本章实例中，采用手工方式进行 PCB 交互式布线。Altium Designer15 软件的交互式布线工具可以提供最大限度的布线效率和灵活性，包括放置导线时的光标导航，布线的推挤或绕开障碍、自动跟踪已存在的连线等，布线后的效果如图 7-18 所示。为了帮助读者掌握交互式布线技能，编者录制了同步操作教学视频，读者可登录 EDA 无忧学院(www.580eda.net)自行观看学习。

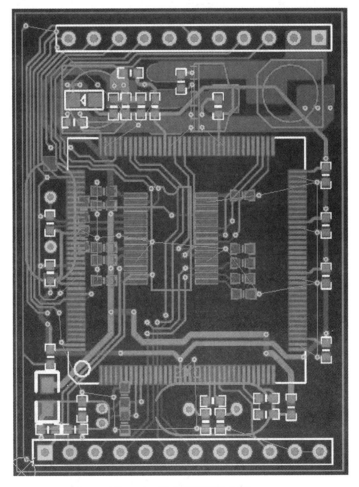

图 7-18　完成布线后的 PCB

7.2.9　PCB 覆铜处理

完成 PCB 的布线后，在图 7-18 中，可以看到 PCB 上还存在一些飞线。这些飞线是属于 GND 网络，需要在 TOP 层和 Bottom 层进行灌铜处理。

用鼠标单击"Wiring"工具栏中的　图标或执行命令【Place】→【Polygon Pour...】，进入绘制多边形灌铜框的操作界面，在 Polygon Pour[mil]对话框中，按照如图 7-19 所示的设置完成 GND 网络的灌铜设置。

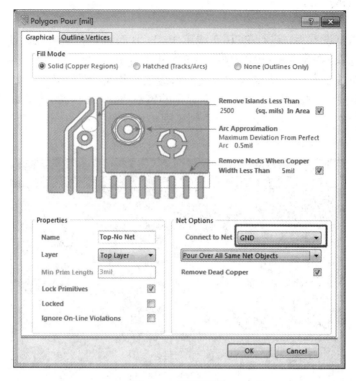

图 7-19　灌铜设置

接下来分别在 TOP 层和 Bottom 层绘制多边形灌铜，如图 7-20 所示。完成灌铜后的
PCB 效果图如图 7-21 所示。

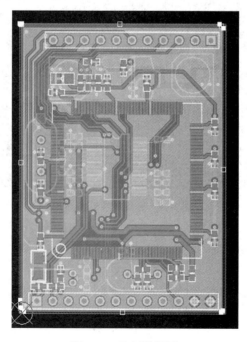

图 7-20　绘制灌铜框

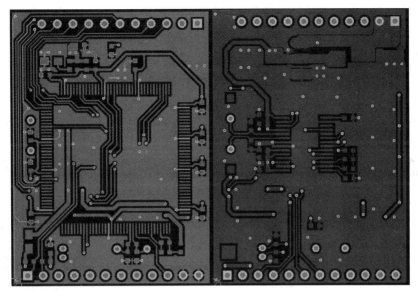

TOP 层　　　　　　　　　　　　　Bottom 层

图 7-21　灌铜后的效果图

7.2.10　验证设计和优化

为了验证 PCB 设计是否符合 STM32 核心板 PCB 设计要求，用户可以利用 Altium Designer15 软件的设计规则检查功能(DRC)进行验证。执行命令【Tools】→【Design Rule Check...】，打开 Design Rule Check[mil]对话框，如图 7-22 所示。

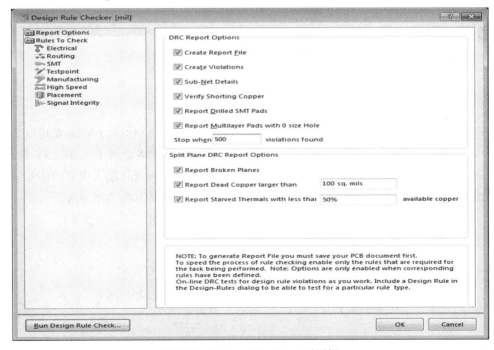

图 7-22　Design Rule Check 对话框

　　单击 Report Options 菜单，保持默认状态下"DRC Report Options"区域的所有选项，并用鼠标单击 `Run Design Rule Check...` 按钮，出现设计规则检查报告，并同时打开一个 Messages 消息窗口，如图 7-23 所示。用鼠标单击 PCB 窗口再双击 Messages 窗口，各个说明精确地跳转到 PCB 存在错误的地方，用户根据提示的错误信息对 PCB 进行修改和优化。

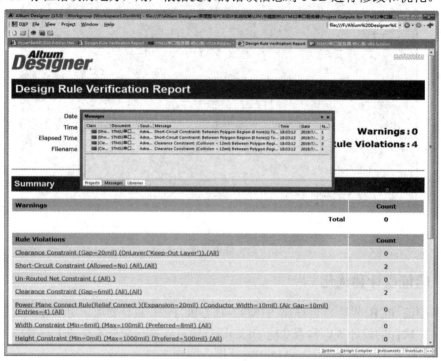

图 7-23　设计规则检查报告

7.3　设 计 总 结

7.3.1　电源模块

　　电源电路如图 7-24 所示。U3 是 AMS1117-3.3 的电压，AMS1117-3.3，是可以将输入电压 VUSB(5 V)转换为 3.3 V 的低压差电源芯片。在布局时输入电容 C14 和 C11 靠近 U3 的 3 脚放置，输出电容 C12 和 C13 靠近 2 脚和 4 脚放置，最后再将输入电容的地和输出电容的地单点汇接在芯片的 1 脚，进行单点接地。完成后的效果如图 7-25 所示。

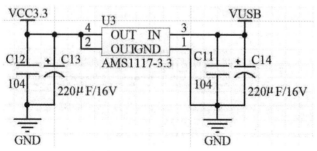

图 7-24　电源电路

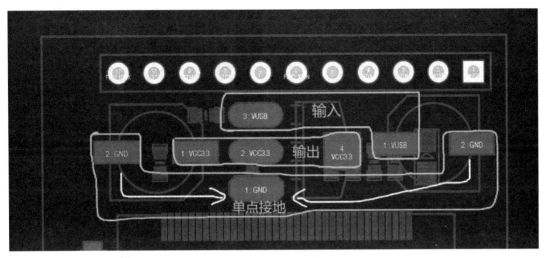

图 7-25 电源电路 PCB 布线示意图

7.3.2 时钟电路(晶体)

时钟电路的设计在电路设计中起着举足轻重的作用。时钟是所有电子设备的基本构成部分,同步数字系统中所有的数据传输、转换,都需要通过时钟进行精确控制。

由于时钟信号是电路中频率最高的信号,也是一个强辐射源,因此在 PCB 设计中需要重点考虑如何减少时钟的电磁辐射。

此处介绍晶体谐振器时钟电路的布局布线处理方法。

晶体谐振器俗称晶体,它所使用的谐振单元是一个石英切片,其频率温度漂移特性由石英的切割角度决定。由于石英具备天然高品质因子和高稳定性,它所产生的谐振信号在频率的精确度和稳定性方面都很好,而且价格低廉。

常见的晶体谐振器是有两个管脚的无极性元器件,一般外面包围金属外壳,以跟其他元器件或设备隔离。图 7-26 所示的是典型的晶体谐振器实物。

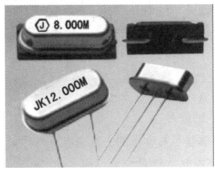

图 7-26 晶体谐振器实物

晶体谐振器自身无法振荡,需要借助时钟电路才能起振,如图 7-27 所示。

本例涉及的时钟元器件是晶体谐振器 Y2 和 Y3,如图 7-28 所示。布局时应注意将 Y2 和 Y3 靠近 CPU 放置,同时晶体的谐振电容 C15 和 C16 应放置在 Y2 和 CPU 之间,C17 和 C18 应放置在 Y3 和 CPU 之间。

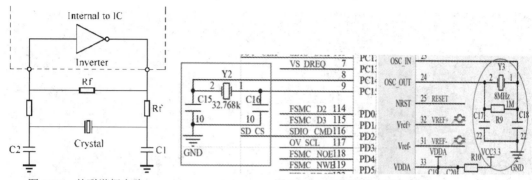

图 7-27　并联谐振电路　　　　　　　图 7-28　并联谐振原理图实例

晶体谐振器 PCB 设计要点：

(1) 时钟电路要尽量靠近相应的 IC；

(2) 晶体谐振器两个管脚的走线宽度要适当加宽(通常取 10～12 mil)；

(3) 两个电容要靠近晶体放置，并整体靠近相应的 IC；

(4) 为了减小寄生电容，电容的地线扇出线宽要加宽；

(5) 晶体谐振器底下要铺地铜，并打一些地过孔，充分与地平面相连接，以吸收晶体谐振器辐射的噪声，或者立体包地。

完成 PCB 设计的效果如图 7-29 所示。

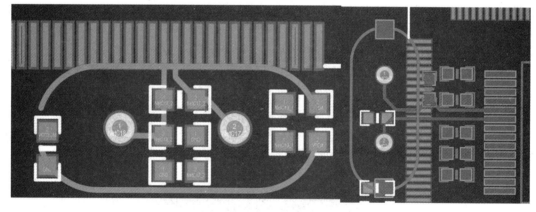

图 7-29　晶体电路 PCB 布线示意图

7.3.3　去耦电容

芯片的电源管脚需要放置足够容量的去耦电容，推荐采用 0603 封装 0.1 μF 的陶瓷电容，它在 20～300 MHz 范围非常有效。

去耦电容的处理规则如下：

(1) 尽可能靠近电源管脚，走线要求：芯片的 POWER 管脚→去耦电容→芯片的 GND 管脚之间的环路尽可能短，走线尽可能加宽。去耦电容的两种不同放置方式如图 7-30 和图 7-31 所示。

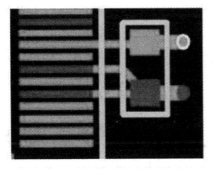

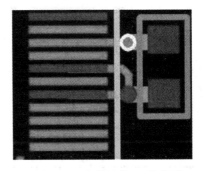

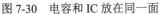
图 7-30 电容和 IC 放在同一面

图 7-31 电容放在 IC 的背面

(2) 芯片上的电源、地引出线从焊盘引出后就近打 VIA 接电源、地平面,线宽尽量做到 8～12 mil(视芯片的焊盘宽度而定,通常要小于焊盘宽度 20%)。打 VIA 的例子如图 7-32 所示。

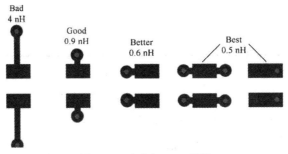

图 7-32 电容打 VIA 示例

(3) 每个去耦电容的接地端,推荐采用一个以上的过孔(VIA)直接连接至主地,并尽量加宽电容引线。默认引线宽度为 20 mil,如图 7-33 所示。

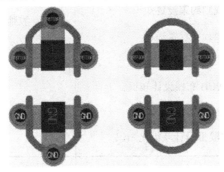

图 7-33 电容 Fanout 示例

【本章小结】

本章通过电路原理讲解及视频演示向读者介绍了 STM32 核心板 PCB 设计全流程。通过本章的学习,可以熟悉双面板的 PCB 设计全流程,并可以掌握常用电路模块如电源模块、晶体时钟电路、去耦电容的 PCB 设计原则,为学习四层板以上的 PCB 设计打好扎实的基础。

第8章

USB HUB 电路板设计

【学习目标】

学 习 目 标		学 习 方 式	课 时
知识目标	(1) 熟悉结构图导入知识 (2) 熟悉 PCB 板框设置知识 (3) 熟悉结构限制元器件的布局知识 (4) 熟悉电路模块化布局知识 (5) 熟悉规则约束设置知识 (6) 熟悉差分对设置知识 (7) 熟悉设置差分对的规则 (8) 熟悉 PCB 布线设计知识 (9) 熟悉 PCB 覆铜处理知识 (10) 掌握验证设计及优化知识	教师教授	2 课时
技能目标	(1) 能进行 USB HUB 原理图设计 (2) 能进行 USB HUB PCB 设计	学生上机操作,教师指导、答疑	

8.1　USB HUB 原理图设计

绘制如图 8-1 所示的 USB HUB 原理图。

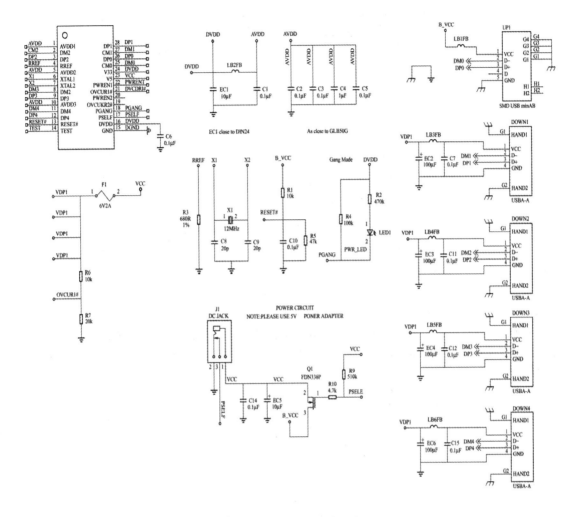

图 8-1　USB HUB 原理图

8.2　USB HUB PCB 设计

8.2.1　结构图导入

在 Altium Designer15 中，PCB 板框可以手动绘制，也可以通过导入 .dxf 文件生成板框，下面介绍如何导入 .dxf 文件。

(1) 打开 Altium Designer15 软件，执行命令【File】→【New】→【PCB】，新建一个 PCB 文件，再执行命令【File】→【Import】→【DXF/DWG】，打开文件选择框，选中需要导入的 .dxf 文件如图 8-2 所示。

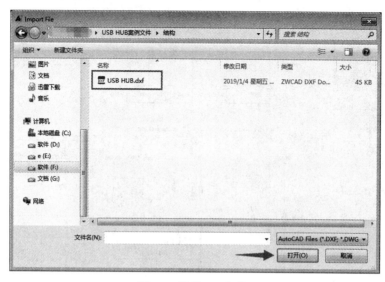

图 8-2　选择.dxf 文件

(2) 在弹出的 Import from AutoCAD 窗口的 Scale 栏,选择公制(mm)单位,因为 AutoCAD 绘制图纸一般采用公制单位。在 Layer Mappings 栏把相应的结构参数分配到相应的层中 (一般会有顶层装配和底层装配,需要把它们分配到不同的层避免重叠),其他的选择按照默认即可,如图 8-3 所示。

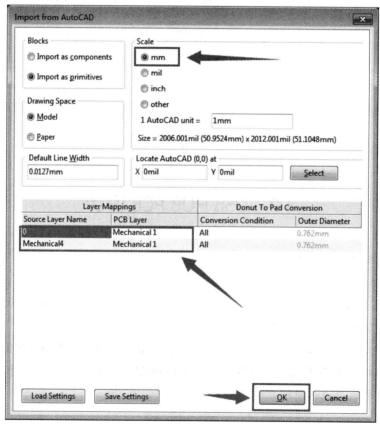

图 8-3　Import from AutoCAD 窗口

(3) 导入结果如图 8-4 所示。

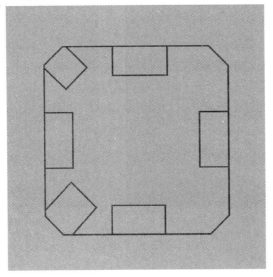

图 8-4　.dxf 文件导入效果

8.2.2　PCB 板框设置

选中需要用作板框的外形，如图 8-5 所示。执行命令【Design】→【Board Shape】→【Define from selected objects】，生成板框，如图 8-6 所示。

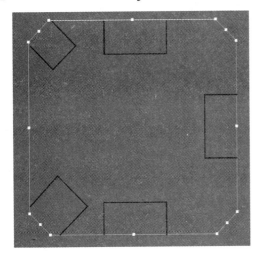

图 8-5　选择板框外形

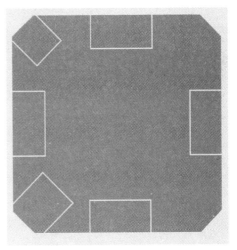

图 8-6　板框效果图

8.2.3　结构限制元器件布局

选择结构限制元器件，移动到结构限制区域附近，执行"Move Selection"命令，移动鼠标捕获元器件的定位点。本例以 USB 座子为例，如图 8-7 所示，移动元器件至结构限制区域并捕获相应的定位点，如图 8-8 所示。其他元器件的定位同样操作即可。

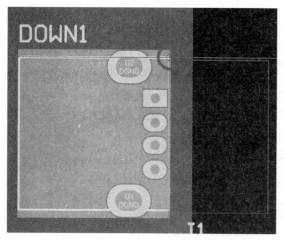

图 8-7　捕获元器件定位点

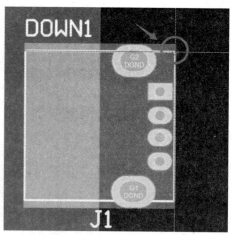

图 8-8　捕获结构区域定位点

8.2.4　电路模块化布局

根据图 8-9 所示的主芯片模块原理图、图 8-10 所示的电源接口模块原理图、图 8-11 所示的 USB 接口模块原理图，抓取元器件进行布局。整板布局如图 8-12 所示。

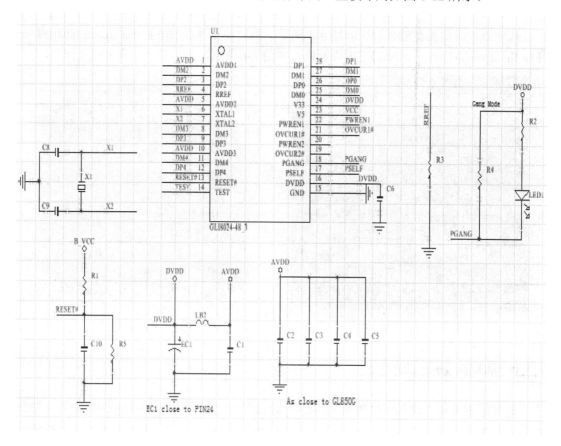

图 8-9　主芯片模块原理图

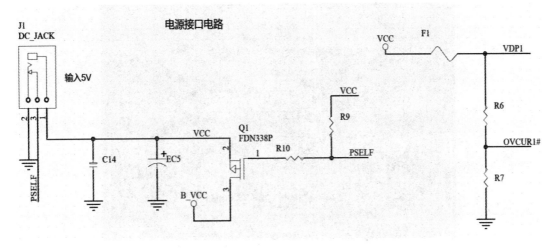

图 8-10　电源接口模块原理图

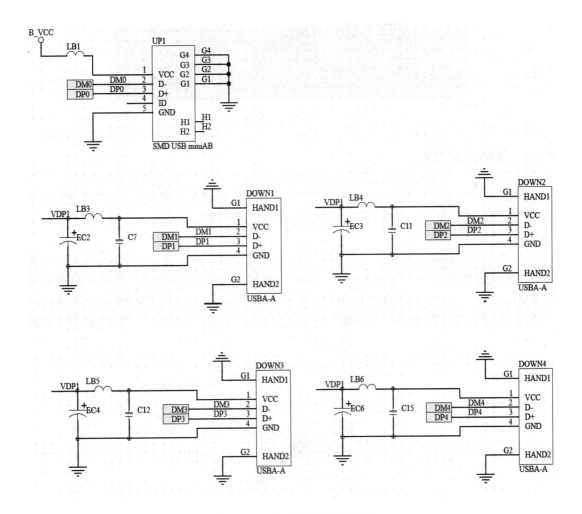

图 8-11　USB 接口模块原理图

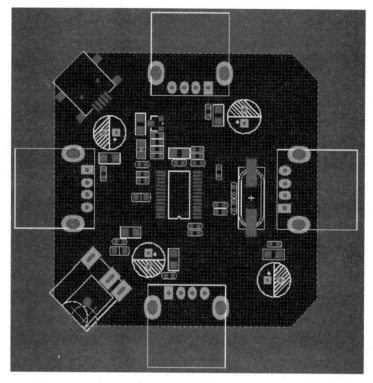

图 8-12　整板布局

8.2.5　规则约束设置

在开始 USB HUB 电路板设计前，先要进行规则约束设置。前面章节介绍过规则约束的设置方法，本案例同样使用"SMT 32 核心板"案例的规则。

(1) 安全间距约束。

① 整板安全间距规则设置：执行命令【Design】→【Rules...】，如图 8-13 所示。在弹出的规则设置界面中选择"Clearance"规则，设置整板的安全间距规则，在图 8-14 所示的 PCB Rules and Constraints Editor [mil]对话框中的 Constraints 标签的"Minimum Clearance"中填入 6 mil，并设置"Poly"-"All"的安全间距为 12 mil，"Poly"-"Via"的安全间距为 6 mil。

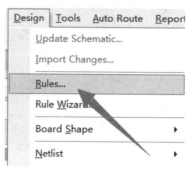

图 8-13　进入规则设置界面

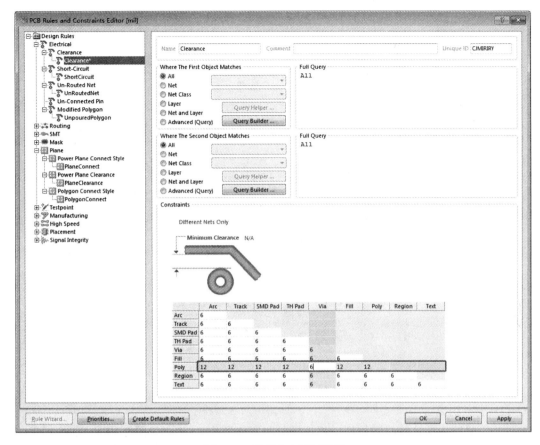

图 8-14　整板安全间距设置

② 板框到 All 的规则设置：在规则设置界面的"Clearance"下新建子规则。鼠标右击"Clearance"，在弹出的快捷菜单中执行命令【New Rule...】，如图 8-15 所示。在弹出的新规则设置对话框中，按图 8-16 所示进行设置即可，前提条件是要把板框复制到 Keep-Out Layer 层。

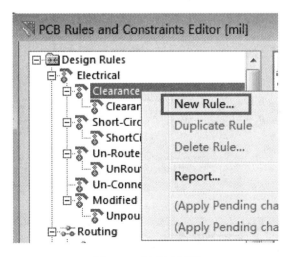

图 8-15　新建子规则

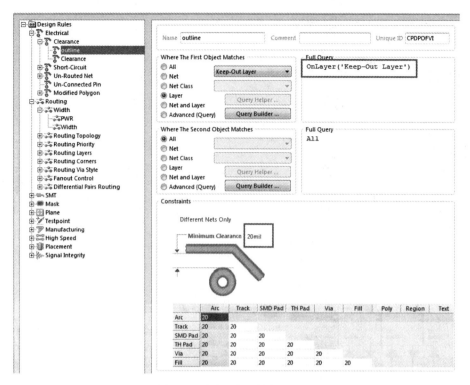

图 8-16　板框到 all 的规则设置

(2) 线宽约束。

① 设置整板默认的线宽规则，将每层的线宽设置为 8 mil，如图 8-17 所示。

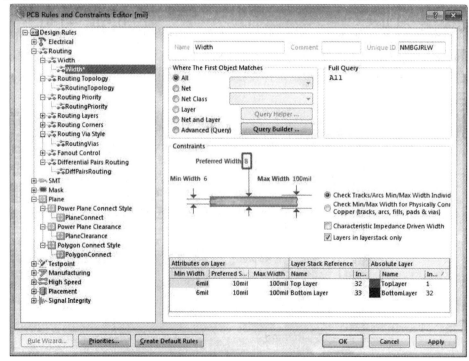

图 8-17　设置整板默认的线宽规则

② 电源类(Power)的线宽约束。电源线的线宽通常比信号线的线宽大，一般使用 12 mil，设置如图 8-18 所示。(使用类规则的前提是要先建好类，可参考第 6 章 6.3 节的类规则)

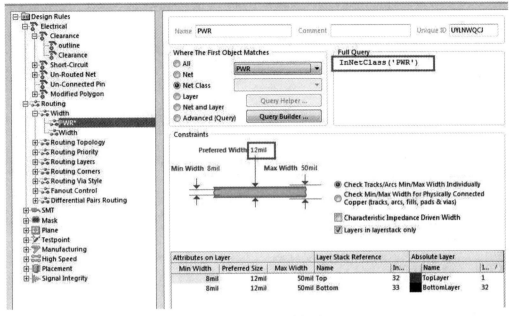

图 8-18　设置电源类规则

(3) 过孔设置。

本案例使用尺寸为 10/22(单位：mil)的过孔进行 USB HUB 电路板设计。在规则设置界面的 Routing Via Style 栏进行如图 8-19 所示的设置。

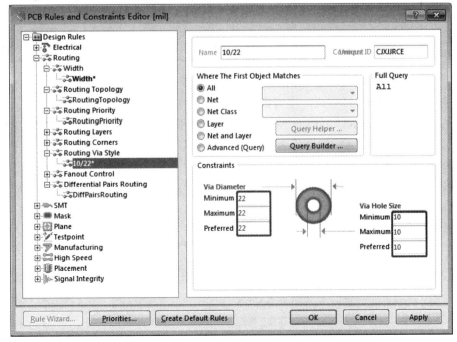

图 8-19　过孔设置

(4) 灌铜连接方式设置。

① 整板灌铜的连接方式：对于元器件引脚与灌铜的连接方式，本案例采用花铜(网状)连接。在规则设置界面的"Polygon Connect Style"下的"PolygonConnect"进行如图 8-20 所示的设置。

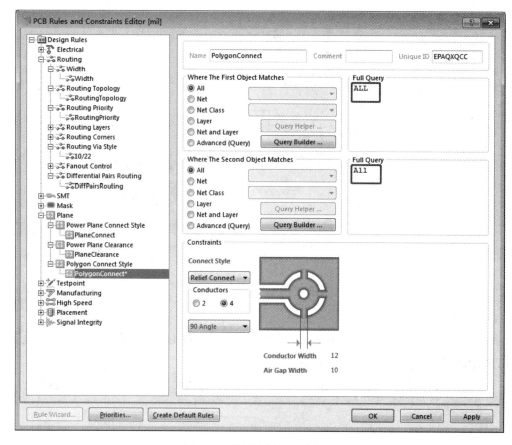

图 8-20　整板灌铜的连接方式

② 过孔与灌铜的连接方式：在规则设置界面的"Polygon Connect Style"下，新建子规则。鼠标右击"Polygon Connect Style"，在弹出的快捷菜单中执行命令【New Rule...】，如图 8-21 所示。过孔与灌铜的连接采用全连接的方式，在弹出的新规则设置对话框中，按图 8-22 所示进行设置。

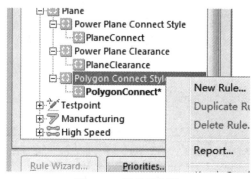

图 8-21　新建子规则

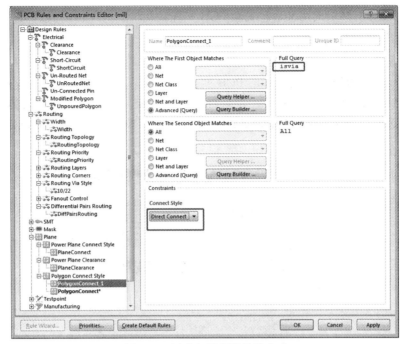

图 8-22　过孔与灌铜的连接方式

8.2.6　差分对设置

1. 差分对

在 Altium Designer15 中，差分对的定义既可以在原理图中实现，也可以在 PCB 中实现。

1) 在原理图中定义差分对

操作步骤如下：

(1) 打开 USB HUB 工程文件中的原理图文件，执行命令【Place】→【Directives】→【Differential Pair】，进入放置差分对指示记号状态，按"Tab"键就可以打开差分对属性对话框，需要确认"Value"项的设置为"True"。

(2) 在要定义为差分对的 DM1 和 DP1 线路上，用鼠标单击放置一个差分对指示记号，如图 8-23 所示。

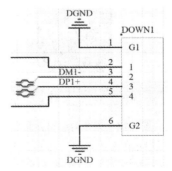

图 8-23　放置差分对指示记号

(3) 完成差分对网络的定义后，更新 PCB 文件。

2) 在 PCB 中定义差分对

操作步骤如下：

(1) 打开 USB HUB 工程文件中的 PCB 文件。

(2) 在 Altium Designer15 软件，用鼠标单击"PCB"图标中的 PCB 快捷菜单，打开 PCB 面板，选择"Differential Pairs Editor"类型，然后单击"<All Differential Pairs>"，如图 8-24 所示。

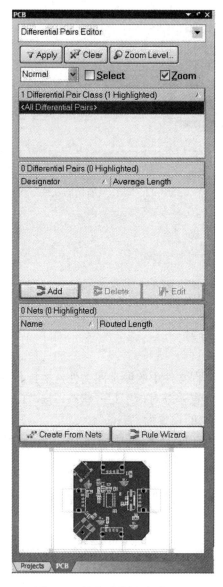

图 8-24　差分对编辑界面

(3) 在 Differential Pairs 栏，鼠标单击"Add"按钮，进入差分对设置界面，在 Positive Net 和 Negative Net 栏分别选择差分对正负信号线，再在 Name 栏输入差分对的名称"USB1"，最后用鼠标单击"OK"按钮退出设置，如图 8-25 所示。

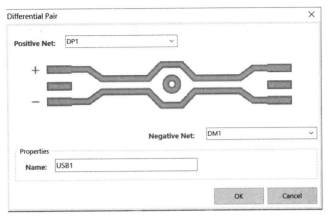

图 8-25　新增差分线界面

完成差分对设置后，差分对网络呈现灰色的筛选状态。同样的操作，依次建立其余四对差分线：DM0(−)&DP0(+)、DM2(−)&DP2(+)、DM3(−)&DP3(+)、DM4(−)&DP4(+)。

2. 设置差分对规则

在完成差分对网络定义后的 PCB 差分对编辑器中，会出现 USB0～USB4 的差分对组，如图 8-26 所示。在本实例中，具体讲解使用规则向导实现差分对规则设置。

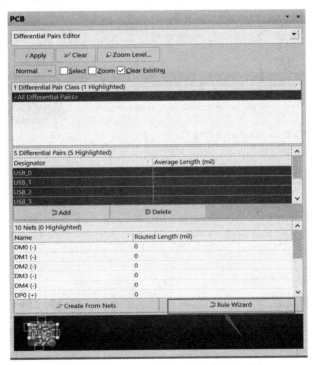

图 8-26　PCB 差分对编辑界面

（1）用鼠标单击规则向导"Rule Wizard"，打开差分对规则向导编辑界面，用鼠标单击"Next"按钮，打开设计规则名称编辑界面，按照默认设置即可。

(2) 继续用鼠标单击"Next"按钮，打开差分对规则名称设置界面，如图 8-27 所示，在 Prefix 栏中输入"DiffPair_USB"。

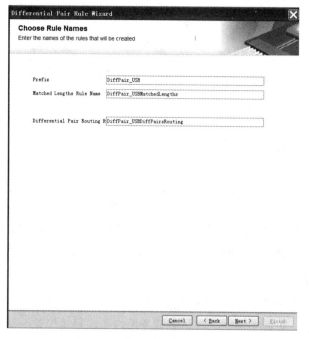

图 8-27　差分对线宽设置界面

(3) 继续用鼠标单击"Next"，打开差分对等长规则设置界面，如图 8-28 所示。在本例中，采用默认设置即可。

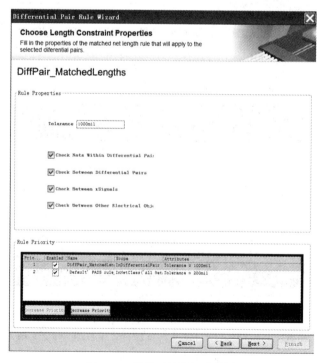

图 8-28　差分对等长规则设置

(4) 继续用鼠标单击"Next"按钮，打开差分对线宽线距设置界面，如图 8-29 所示。在本例中，线宽和线距均设置为 10 mil。

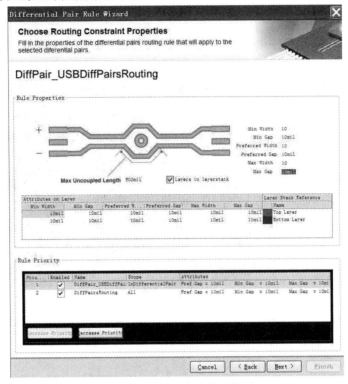

图 8-29　差分对线宽线距设置

(5) 继续用鼠标单击"Next"，在随后弹出的对话框中，用鼠标单击"Finish"，完成差分对的规则向导设置，如图 8-30 所示。

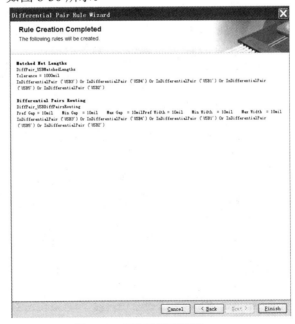

图 8-30　差分对规则设置

3.布线差分对

执行命令【Place】→【Interactive Differential Pair Routing】，或在快捷工具栏内用鼠标单击 图标，打开差分对布线界面。在差分对布线界面下，定义了差分对的网络会高亮显示，用鼠标单击差分对任意一根网络，可看到两条线同时在布线，如图 8-31 所示。同理，完成其余差分对的布线。

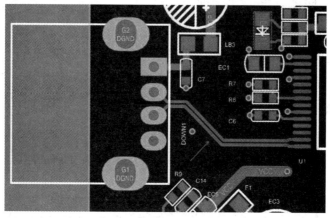

图 8-31　差分对布线实例

8.2.7　PCB 布线设计

完成规则约束设置后，进行 PCB 布线。PCB 布线是在面板上通过导线和过孔对元件进行连接的过程。在本章实例中，采用手动方式进行 PCB 交互式布线。Altium Designer15 软件的交互式布线工具可以提供最大限度的布线效率和灵活性，包括放置导线时的光标导航、布线的推挤或绕开障碍、自动跟踪已存在的连线等，布线后的效果如图 8-32 所示。

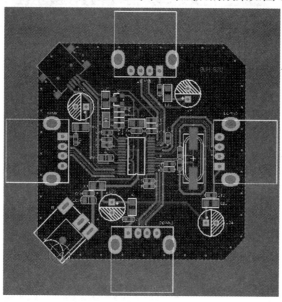

图 8-32　完成布线后的 PCB

8.2.8　PCB 覆铜处理

完成 PCB 的布线后，GND 网络还没有连接，可以在 TOP 层和 Bottom 层进行灌铜处理和添加 GND 网络过孔来完成 GND 网络的连接。

用鼠标单击"Wiring"工具栏中的 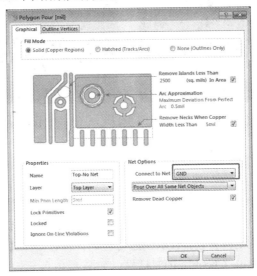 图标，或执行命令【Place】→【Polygon Pour...】，打开绘制多边形灌铜框的操作界面，在随后弹出的 Polygon Pour[mil]对话框中，按照如图 8-33 所示的设置完成 GND 网络的灌铜设置。

图 8-33　灌铜设置

接下来分别在 TOP 层和 Bottom 层绘制多边形灌铜，如图 8-34 所示。完成灌铜后的 PCB 效果图如图 8-35 所示。

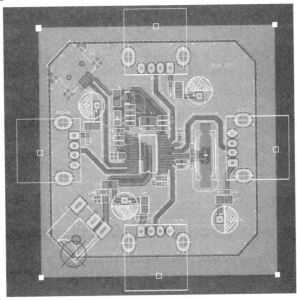

图 8-34　绘制灌铜框

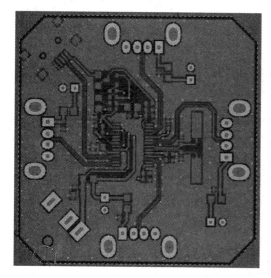 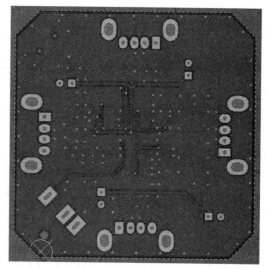

TOP 层灌铜　　　　　　　　　　　　　Bottom 层灌铜

图 8-35　灌铜效果

8.2.9　验证设计和优化

为了验证 PCB 设计是否符合 USB HUB 电路板设计要求，用户可以利用 Altium Designer15 软件的设计规则检查功能(DRC)进行验证。执行命令【Tools】→【Design Rule Check…】，打开 Design Rule Check[mil]对话框，如图 8-36 所示。

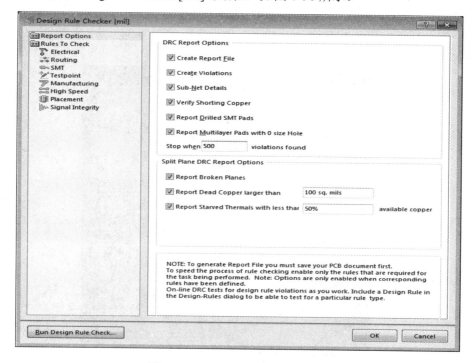

图 8-36　Design Rule Check 对话框

用鼠标单击"Report Options"菜单，保持默认状态下"DRC Report Options"区域的所有选项，并用鼠标单击 Run Design Rule Check... 按钮，出现设计规则检查报告，并同时打开一个 Messages 消息窗口，如图 8-37 所示。用鼠标单击 PCB 窗口再双击 Messages 窗口中显示的每一个说明，每个说明都可以精确地跳转到 PCB 存在错误的地方，用户可以根据提示的错误信息对 PCB 进行修改和优化。

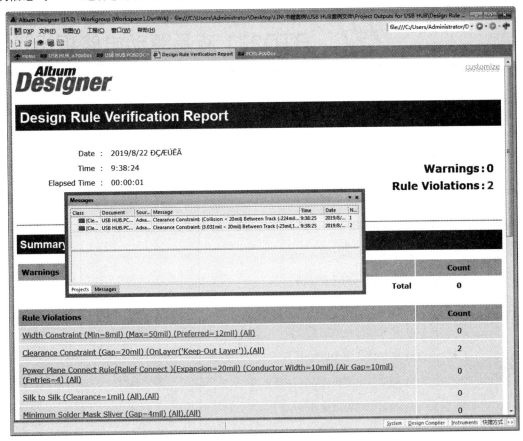

图 8-37　设计规则检查报告

【本 章 小 结】

为了验证读者的学习成果，本章不再以完整的 PCB 设计流程介绍本例，而是采用介绍知识点的方式讲解基于 GL850 集成电路的 USB HUB 设计，使读者在实战中提高电路板设计的能力。

第9章

RTD271 液晶驱动电路板设计

【学习目标】

学 习 目 标		学 习 方 式	课 时
知识目标	(1) 熟知结构图的导入知识 (2) 熟知板框的设置知识 (3) 熟知 PCB 板层数的设置知识 (4) 熟知结构件的放置知识 (5) 熟知模块化布局知识 (6) 熟知各主要模块布局注意事项 (7) 熟知规则约束设置 (8) 熟知 PCB 布线设计知识 (9) 熟知 PCB 覆铜及优化知识 (10) 熟知元件参考编号的调整知识 (11) 掌握验证设计及优化知识	教师教授	知识目标
技能目标	能进行 RTD271 液晶驱动电路板设计	学生上机操作，教师指导、答疑	技能目标

9.1　液晶驱动电路板设计

首先导入结构图。根据前面介绍的结构图导入方法进行操作，导入效果如图 9-1 所示。

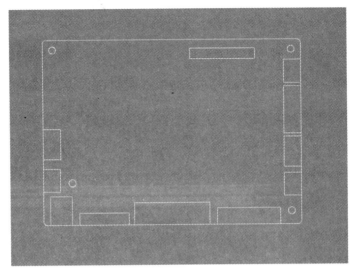

图 9-1　导入结构图

9.2　板框的设置

选择导入结构的外框，复制到机械层中，框选外框如图 9-2 所示。执行命令【Design】→【Board Shape】→【Define from selected objects】生成板框，如图 9-3 所示。

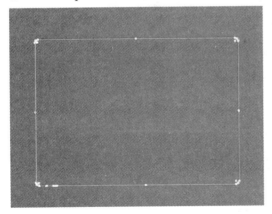

图 9-2　选择板框外形　　　　　　　　　　　　　　　图 9-3　生成板框

或者直接选择机械层如 "Mechanical 1"，执行命令【Place】→【Line】，画出图形后定义或用鼠标单击图标 中的 ，在弹出的 PCB 编辑界面中绘制尺寸大小为 130 mm × 90 mm 的长方形。

9.3　PCB 板层的设置

本案例采用两层板进行设计。执行命令【Design】→【Layer Stack Manager】，打开层叠设置界面，设置层数为两层板，如图 9-4 所示。

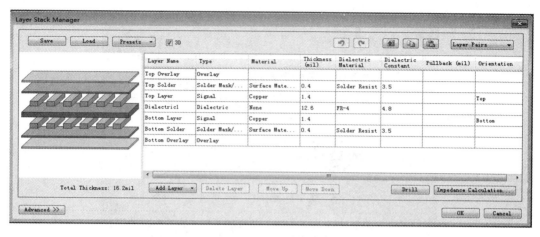

图 9-4　层叠设置界面

9.4　结构限制元器件布局

按照结构图要求，找到相应的元器件，通过捕获参考点的方式将结构件放置在结构要求的位置，如图 9-5 所示。

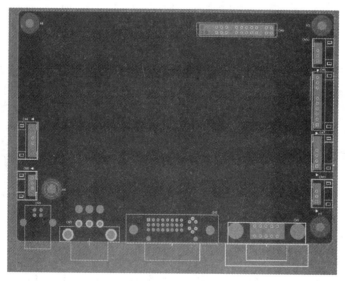

图 9-5　结构件放置

9.5　模 块 化 布 局

1. 布局方法与步骤

(1) 根据 POWER 和 CONNECTOR 模块原理图(图 9-6)，抓取元器件进行模块布局，如图 9-7 所示。

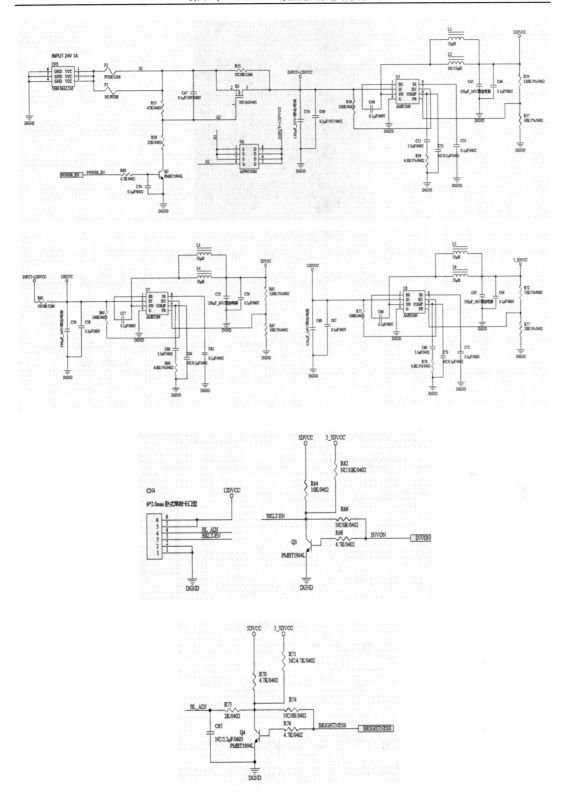

图 9-6　POWER 和 CONNECTOR 模块原理图

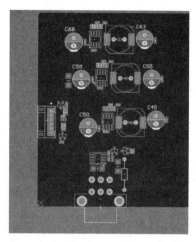

图 9-7　POWER 和 CONNECTOR 模块和布局

(2) 根据 VGA 和 DVI 模块原理图(图 9-8 和图 9-9)，抓取元器件进行模块布局，如图 9-10 所示。

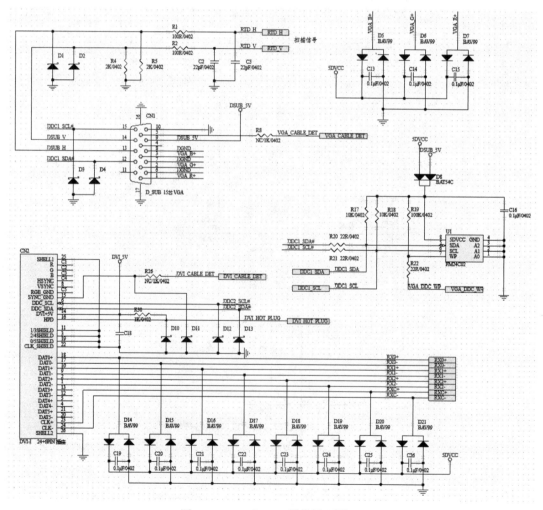

图 9-8　VGA 和 DVI 模块原理图 1

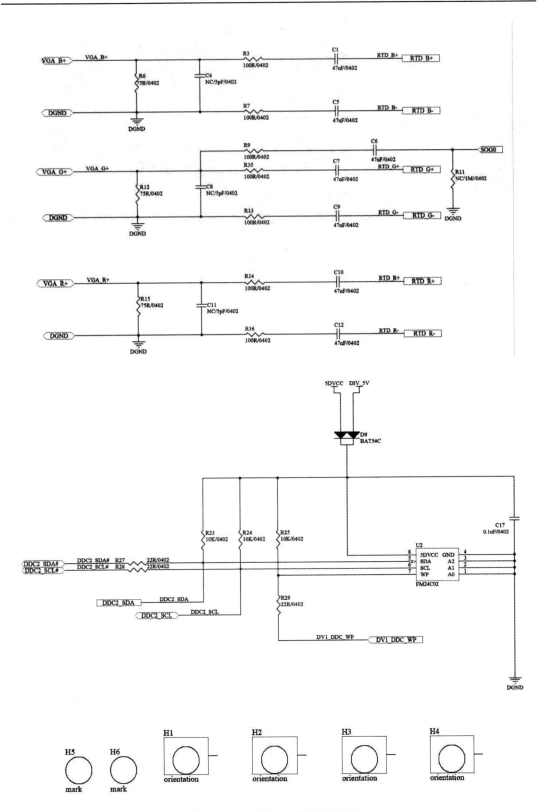

图 9-9　VGA 和 DVI 模块原理图 2

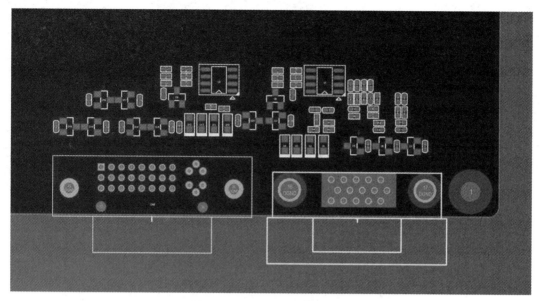

图 9-10　VGA 和 DVI 模块布局

(3) 根据 KEY BOARD 模块原理图(图 9-11)，抓取元器件进行模块布局，如图 9-12 所示。

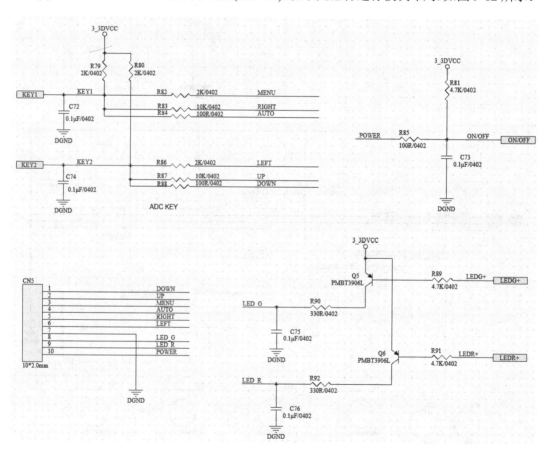

图 9-11　KEY BOARD 模块原理图

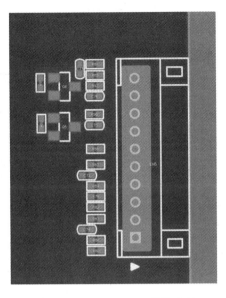

图 9-12 KEY BOARD 模块布局

(4) 根据 CPU 模块原理图(图 9-13 和图 9-14)，抓取元器件进行模块布局，如图 9-15 所示。

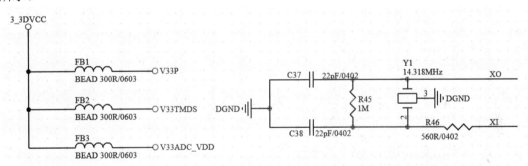

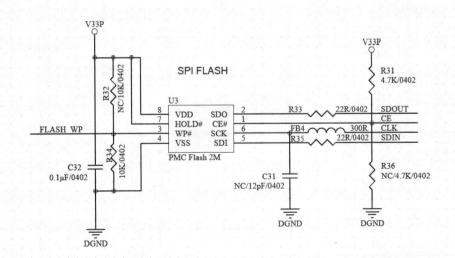

图 9-13 CPU 模块原理图 1

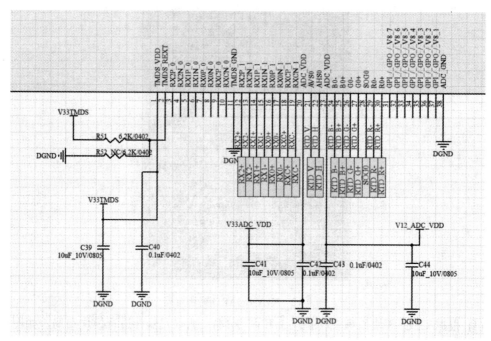

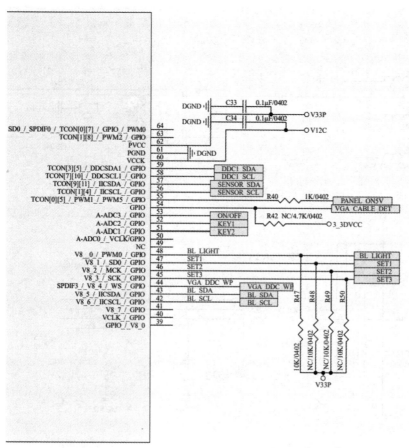

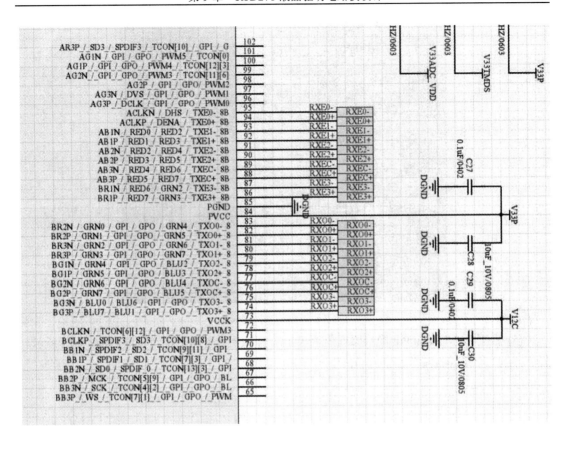

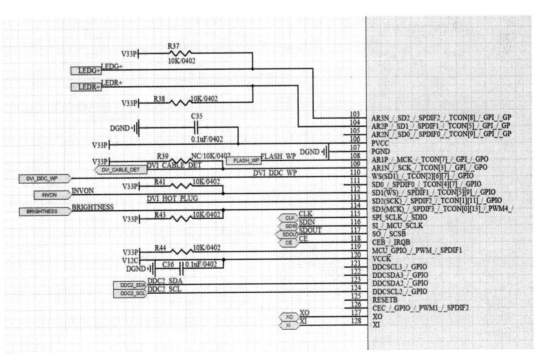

图 9-14　CPU 模块原理图 2

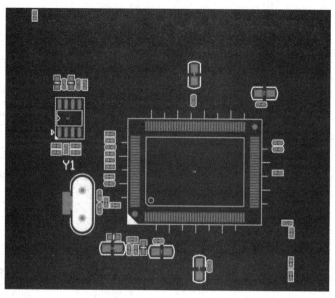

图 9-15　CPU 模块布局

(5) 根据 PANEI Out/Put 模块原理图(图 9-16)，抓取元器件进行模块布局，如图 9-17 所示。

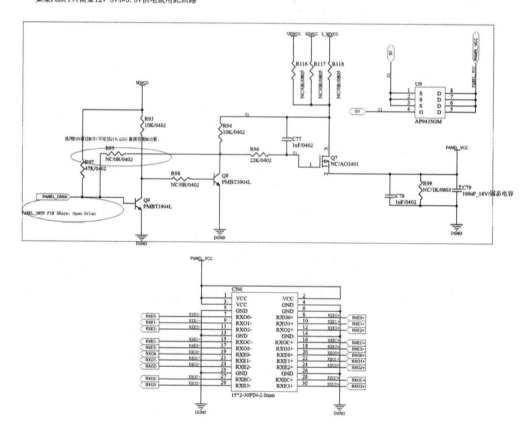

图 9-16　PANEI Out/Put 模块原理图

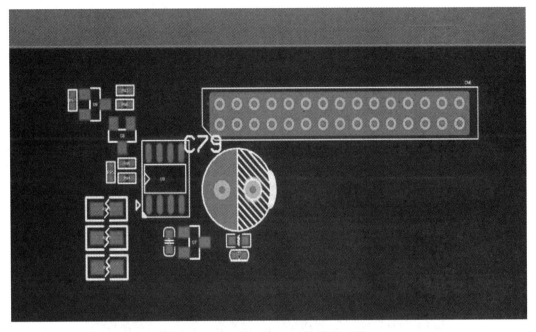

图 9-17　PANEI Out/Put 模块布局图

(6) 根据 USB 和 CONNECTOR 模块原理图(图 9-18 和图 9-19)，抓取元器件进行模块布局，如图 9-20 所示。

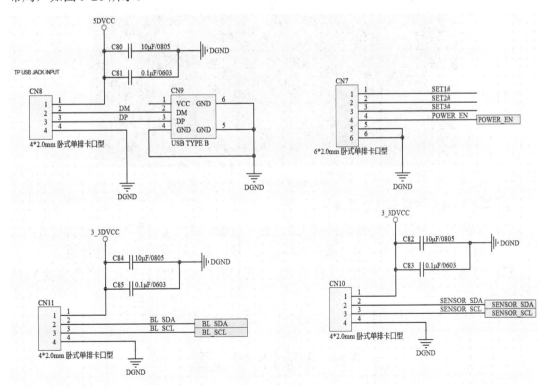

图 9-18　USB 和 CONNECTOR 模块原理图 1

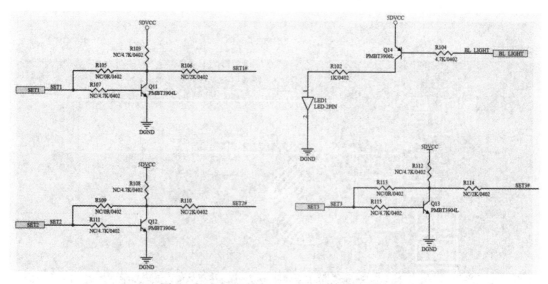

图 9-19   USB 和 CONNECTOR 模块原理图 2

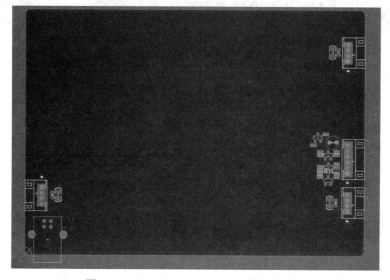

图 9-20   USB 和 CONNECTOR 模块布局图

2. 各主要模块布局的注意事项

(1) 电源模块：按照电源的输入电容靠近输入引脚、输出电容靠近输出引脚放置的原则，增大输入、输出的通道，并且做到电源输入、输出端的地和芯片地单点接地。

(2) VGA 模块：VGA 模块属于模拟电路，接口布局时 ESD 防护元器件应靠近 VGA 接口放置。

(3) DVI 模块：ESD 防护元器件靠近接口放置，不能距离太远。

9.6   规则约束设置

按照 RTD271 液晶驱动电路板设计要求进行规则约束设置。

(1) 安全间距约束。

① 整板安全间距规则设置：执行命令【Design】→【Rules...】，如图 9-21 所示。在打开的规则设置界面中选择"Clearance"规则，设置整板的安全间距规则，在图 9-22 所示的 PCB Rules and Constraints Editor[mil]对话框的 Constraints 标签"Minimum Clearance"中填入 6 mil，并设置"Poly"-"All"的安全间距为 12 mil，"Poly"-"Via"的安全间距为 6 mil。

图 9-21　进入规则设置界面

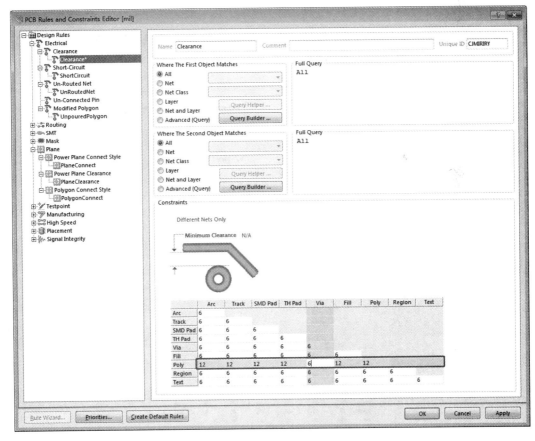

图 9-22　整板安全间距设置

② 板框到 All 的规则设置：在规则设置界面的"Clearance"栏，新建子规则。用鼠标右击 Clearance 栏，在弹出的快捷菜单中执行命令【New Rule...】，如图 9-23 所示。在弹出

的新规则设置对话框中，按图 9-24 所示进行设置即可。前提条件是要把板框复制到 Keep-Out Layer 层。

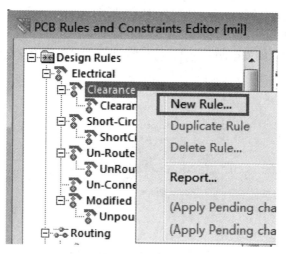

图 9-23　新建子规则

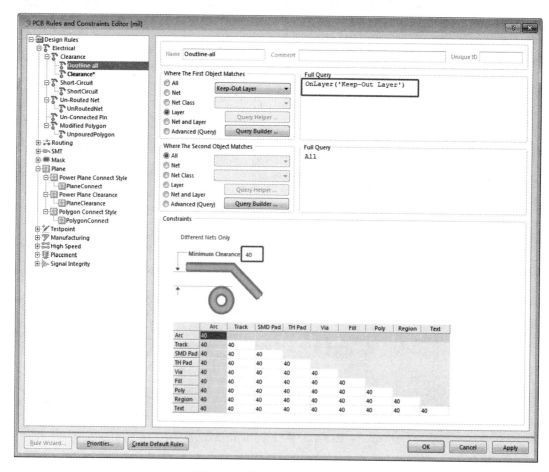

图 9-24　板框到 All 的规则设置

(2) 线宽约束。

① 设置整板默认的线宽规则，将每层的线宽均设置为 8 mil，如图 9-25 所示。

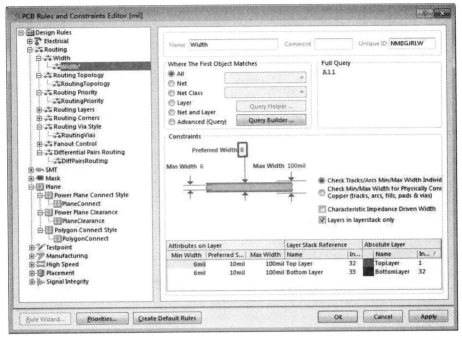

图 9-25　设置整板默认的线宽规则

② 电源类(Power)的线宽约束。电源线的线宽通常比信号线的线宽大，一般使用 12 mil，设置如图 9-26 所示。(使用类规则的前提是要先建好类，可参考第 6 章 6.3 节的类规则)

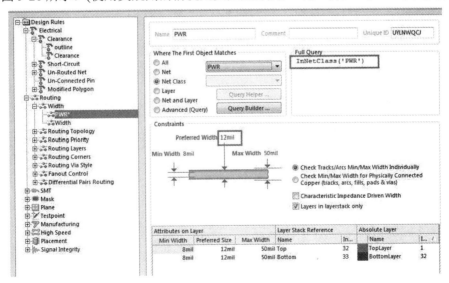

图 9-26　设置电源类规则

(3) 过孔设置。

本案例使用尺寸为 10/20(单位：mil)的过孔进行 RTD271 液晶驱动电路板设计。在规则设置界面中的 Routing Via Style 栏进行如图 9-27 所示的设置。

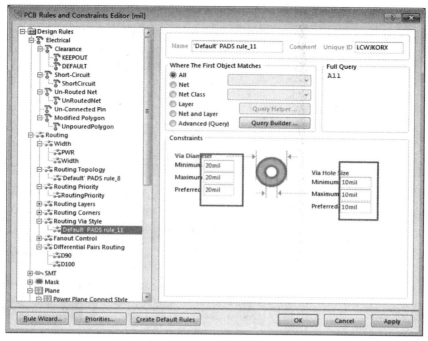

图 9-27　过孔设置

(4) 灌铜连接方式设置。

① 整板灌铜的连接方式：对于元器件引脚与灌铜的连接方式，本案例采用花铜(网状)连接。在规则设置界面中的"Polygon Connect Style"栏的"Polygon Connect"中进行如图9-28 所示的设置。

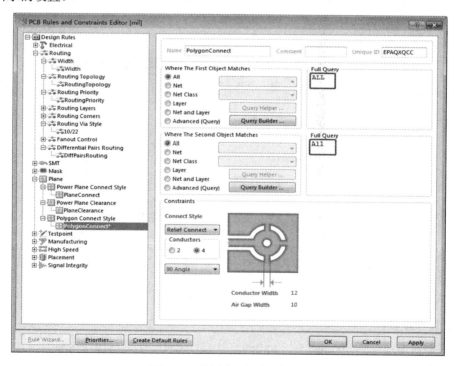

图 9-28　整板灌铜的连接方式

② 过孔与灌铜的连接方式：在规则设置界面的"Polygon Connect Style"栏，新建子规则。用鼠标右击"Polygon Connect Style"，在弹出的快捷菜单中执行命令【New Rule…】，如图 9-29 所示。过孔与灌铜的连接采用全连接的方式，在弹出的新规则设置对话框中，按图 9-30 所示进行设置。

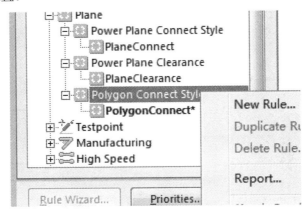

图 9-29　新建子规则

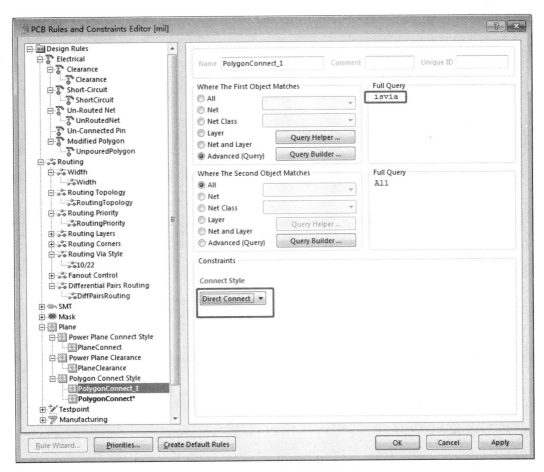

图 9-30　过孔与灌铜的连接方式

(5) 差分规则。

本案例设计中存在 USB 差分和 DVI 模块的差分，因为两者的阻抗控制不一样，所以需要创建两个规则。USB 差分阻抗控制 90 Ω，DVI 的差分信号阻抗控制 100 Ω。设计规则前需要对两个不同规则的差分信号进行分类。90 Ω 差分信号的规则如图 9-31 所示，100 Ω 差分信号的规则如图 9-32 所示。

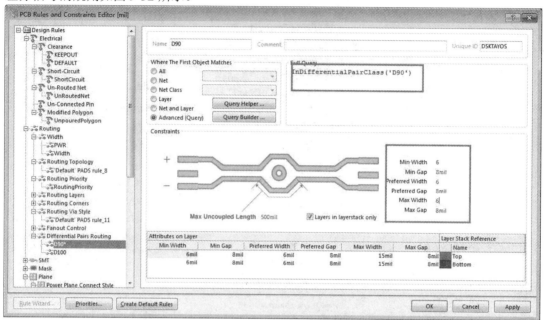

图 9-31　90 Ω 差分信号规则设置

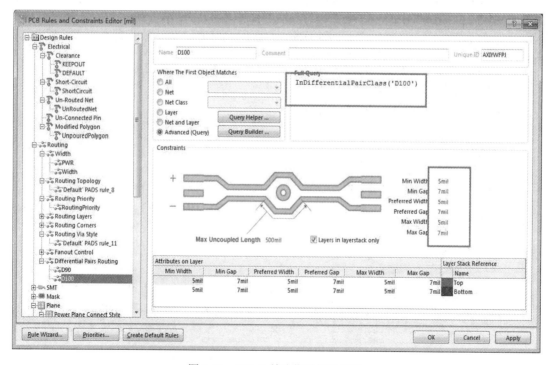

图 9-32　100 Ω 差分信号规则设置

9.7　PCB **布线设计**

完成规则约束设置后，进行 BCD 布线设计。

根据每个模块之间的连接关系，通过连线和打过孔的操作处理整板的连接关系。布线时要提前规划好布线通道，以提高工作效率。布线后的效果如图 9-33 所示。

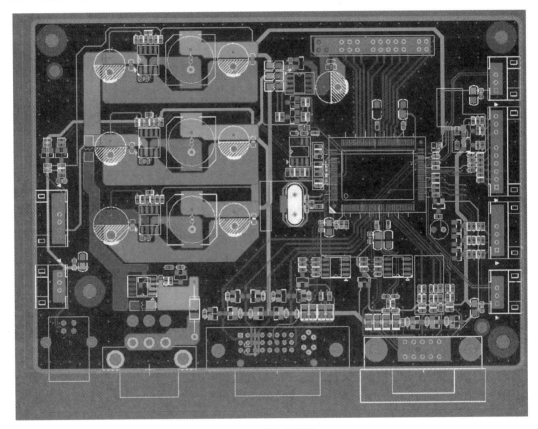

图 9-33　完成布线后的 PCB

备注：本节省略了具体布线操作，读者如有需要，可以联系编者免费索取布线演示视频。

9.8　PCB **覆铜处理**

完成 PCB 的布线后，GND 网络还没有连接，需要在 TOP 层和 Bottom 层进行灌铜处理和添加 GND 网络过孔来完成 GND 网络的连接。

用鼠标单击"Wiring"工具栏中的 ▦ 图标，或执行命令【Place】→【Polygon Pour…】，进入绘制多边形灌铜框的操作界面，在 Polygon Pour[mil]对话框中，按照如图 9-34 所示的设置完成 GND 网络的灌铜设置。

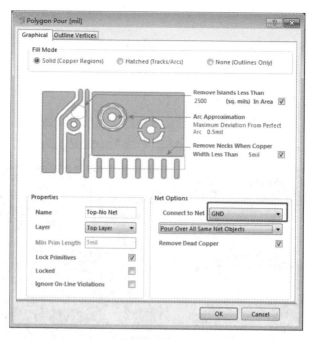

图 9-34　灌铜设置

接下来分别在 TOP 层和 Bottom 层绘制多边形灌铜，如图 9-35 和图 9-36 所示。

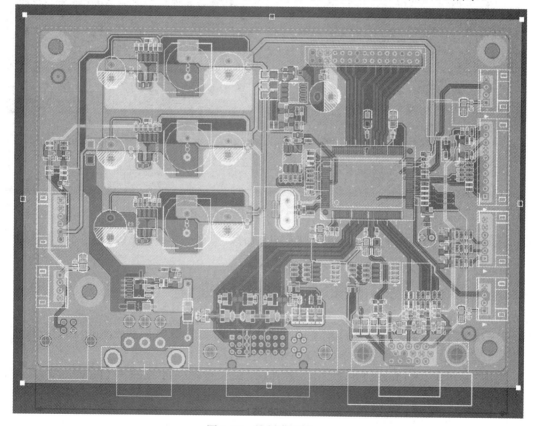

图 9-35　绘制灌铜框

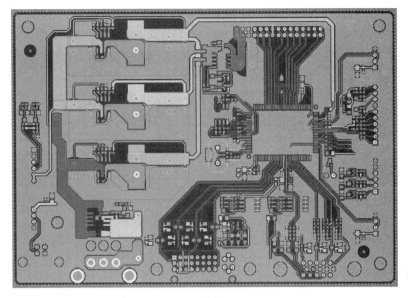

TOP 层

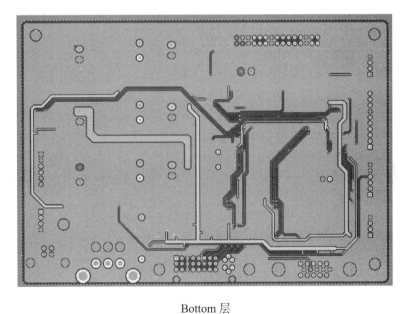

Bottom 层

图 9-36　完成灌铜后的 PCB 效果图

9.9　元件参考编号的调整

　　元件参考编号调整时必须清楚，不能产生歧义，方向必须遵循"方向统一"的原则，也就是说，参考编号是横排的，则首字母的方向要统一为一个方向，不能出现有些元件的参考编号朝左，有些朝右。参考编号若是竖排也同理。

（1）参考编号的字体大小，推荐使用字宽/字高尺寸为 5/50 mil，操作如下：

　　首先如果将元件的参考编号做了隐藏处理，则需将参考编号显示出来。然后选中一个参考编号，单击鼠标右键选择"Find Similar Objects…"，如图 9-37 所示，用鼠标单击"OK"按钮，在弹出的 PCB Inspector 对话框中在"Text Height"栏改成 50 mil，在"Text Width"栏改成 5 mil，再用鼠标单击键盘上的"Enter"键即可，如图 9-38 所示。

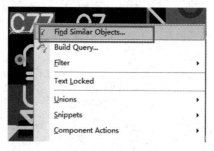

图 9-37　选择"Find Similar Objects…"

PCB Inspector

Include　all types of objects

⊟ Kind

Object Kind	Text

⊟ Object Specific

String Type	<...>
Layer	Silkscreen Top
Component	<...>
String	<...>

⊟ Graphical

X1	<...>
Y1	<...>
Locked	☐
Hide	☐
Rotation	<...>
Text Height	50mil
Text Width	5mil
Stroke Font	<...>
Autoposition	<...>
Mirror	☐
TrueType Fo...	Arial
Bold	☐
Italic	☐
Inverted	☐
Inverted Bor...	<...>
Inverted Rect...	<...>
Inverted Rect...	<...>
Use Inverted ...	☐
Inverted Text...	Center
Inverted Text...	<...>
Text Kind	<...>
BarCode Full...	1050mil
BarCode Full...	210mil
BarCode X M...	20mil

图 9-38　PCB Inspector 窗口设置

　　选中整板的参考编号，在 PCB Inspector 窗口的"Text Height"栏改成 30 mil，在"Text Width"栏改成 5 mil，再单击"OK"按钮即可。

(2) 参考编号调整方法：

需在 View Configuration 面板中打开顶层丝印层(Top OverLay)和顶层阻焊层(Top Solder)，然后框选整板元件。或按快捷键"A P"，进入 Component Text Position 对话框，如图 9-39 所示。该对话框中提供了 Designator 和 Comment 两种摆放方式，本案例以 Designator 进行操作。

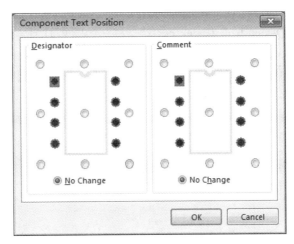

图 9-39　Component Text Position 对话框

本案例将参考编号放置在元件的左边，用鼠标单击"OK"退出命令。这时如果面板上的参考编号之间有干涉，需要采用手动方式进行调整。参考编号调整后的结果如图 9-40 所示。

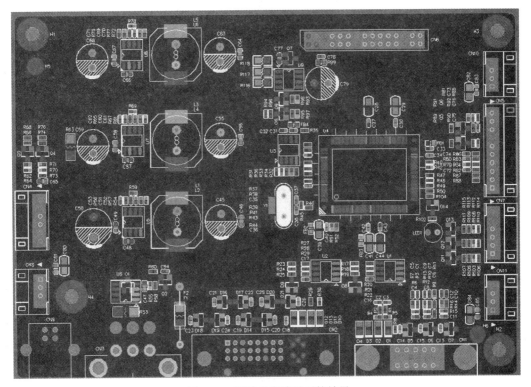

图 9-40　调整参考编号后的效果

9.10　验证设计和优化

为了验证 PCB 设计是否符合 RTD271 液晶驱动电路板的设计要求，用户可以利用 Altium Designer15 软件的设计规则检查功能(DRC)进行验证。执行命令【Tools】→【Design Rule Check...】，打开 Design Rule Check[mil]对话框，如图 9-41 所示。

用鼠标单击"Report Options"菜单，保持默认状态下"DRC Report Options"区域的所有选项，并单击 Run Design Rule Check... 按钮，出现设计规则检查报告，并同时打开一个 "Messages"消息窗口，如图 9-42 所示。用鼠标单击 PCB 窗口再双击 Messages 窗口，各个说明可以精确地跳转到 PCB 存在错误的地方，用户可以根据提示的错误信息对 PCB 进行修改和优化。

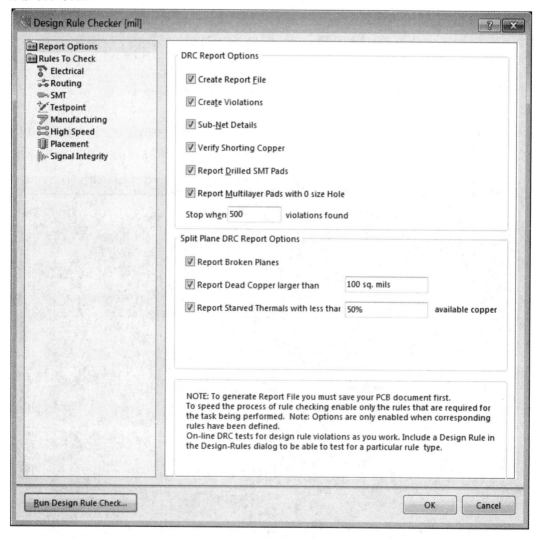

图 9-41　Design Rule Check 对话框

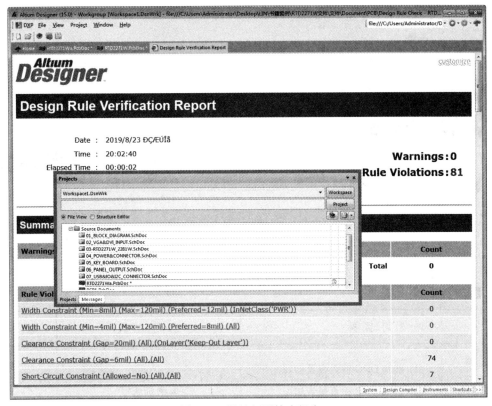

图 9-42　设计规则检查报告

【本 章 小 结】

本章主要向读者介绍了液晶驱动主板的 PCB 设计全流程，同时介绍常用电路模块的 PCB 设计要点，以帮助读者了解高速 PCB 入门的 PCB 设计知识。

第 10 章

PCB 的后期处理

【学习目标】

学 习 目 标		学 习 方 式	课　时
知识目标	(1) 熟知 DRC 检查设置知识 (2) 熟知 DRC 检查报告知识 (3) 熟知 PCB 的相关文件输出知识	教师教授	2 课时
技能目标	(1) 能进行设计规则检查(DRC) (2) 能进行文件输出	学生上机操作，教师指导、答疑	

10.1　设计规则检查(DRC)

10.1.1　DRC 检查设置

在完成 PCB 设计后，需要对 PCB 进行 DRC 检查。Altium Designer15 软件提供了强大检查功能，可以对 PCB 设计进行非常全面的检查，但是过多的检查项会给 PCB 设计工作带来很大的工作量，所以在最后检查时可以按照具体项目的设计要求进行相应项检查，以提高工作效率。必要的检查规则包括 Clearance、Short-Circuit、Un-Connected Pin、Un-Routed Net。在 Design Rule Checker[mil]对话框中将必要的检查规则项勾选即可，如图 10-1 所示，其他的规则不需要勾选。若设计中添加了某些规则是必须检查的，则将相应的规则勾选即可。

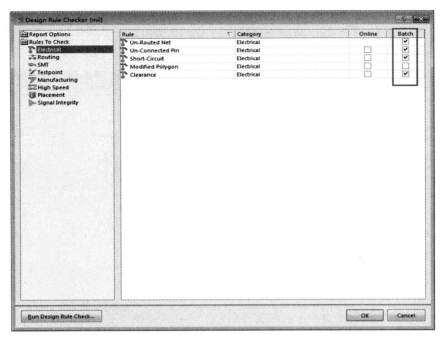

图 10-1　DRC 检查设置

10.1.2　DRC 检查报告

　　DRC 的检查结果在检查完成后会弹出一个报告窗口和一个 Messages 窗口，如图 10-2 所示。通过查看报告可以知道 PCB 还存在哪些不符合设置规则。鼠标点击 PCB 窗口再双击 Messages 窗口，各个说明可以精确地跳转到 PCB 存在错误的地方，如图 10-2 所示。

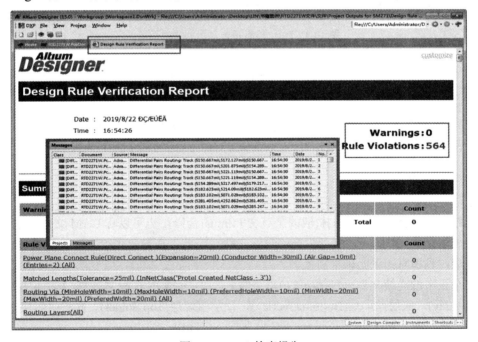

图 10-2　DRC 检查报告

在执行检查前，需要对检查报告允许显示的数量进行修改，如图 10-3 所示。Altium Designer15 软件默认的是 500，有时会出现超过 500 个错误，而报告中只显示了 500 个，就会产生误解。推荐把"Stop when"设置为 50 000。

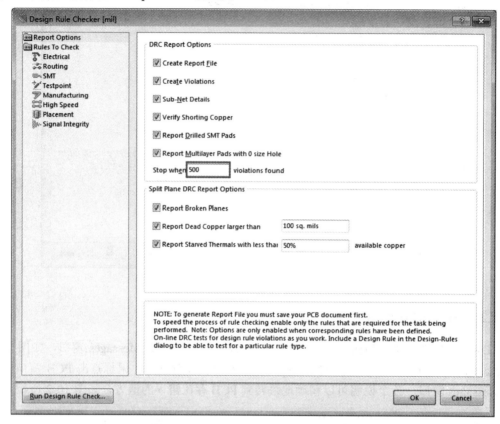

图 10-3　DRC 检查报告显示的错误数量

10.2　文 件 输 出

在完成 PCB 设计后，需要输出文件进行制板、贴片等。需要输出的文件有光绘文件、IPC 网表、钢网文件和贴片坐标文件、装配图。

10.2.1　光绘文件

光绘文件又称 Gerber、菲林(取的是英文 Film 的音译)，也可以称 CAM 文件，它是 PCB 设计完成后交付 DCB 工厂进行生产的最终文件。因此，在导出光绘文件前必须保证 PCB 检查无误，且所有覆铜必须重新覆铜。

一个正常的光绘文件应包括($n + 6$)个文件。其中，n 指 PCB 板的层数，6 指顶层丝印层(Top Overlay)、底层丝印层(Bottom Overlay)、顶层阻焊层(Top Solder)、底层阻焊层(Bottom Solder)、钻孔参考层(Dill Drawing)、NC 钻孔层(NC Drill)。

输出 CAM 文件：执行命令【File】→【Fabrication Outputs】→【Gerber Files】，即可

打开光绘设置界面。光绘设置主要有以下四项基本内容：

(1) 基本设置。Units 设置光绘单位，Format 设置光绘精度。一般 Units 设置为"Inches"，Format 设置为"2：5"，如图 10-4 所示。

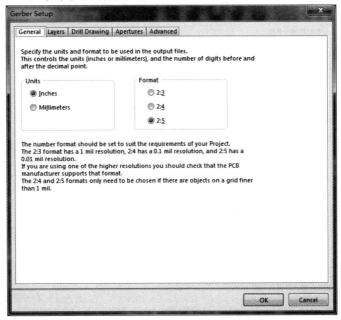

图 10-4　基本设置界面

(2) 层设置。如图 10-5 所示，左侧栏可以对需要生成的层进行选择，下方"Include unconnected mid-layer pads"表示是否需要在内层未连接的过孔上添加焊盘，右侧栏中的层，勾选则表示将此层添加到每一个即将生成的光绘层。

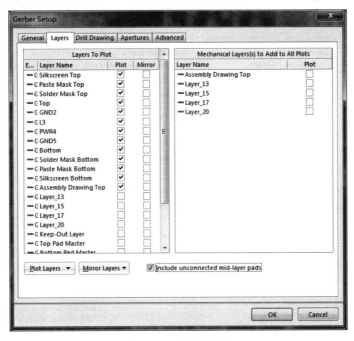

图 10-5　层设置界面

（3）钻孔孔符层设置。此设置主要针对钻孔孔符层，一般参考原理图中所示设置方法
进行设置即可，如图 10-6 所示。

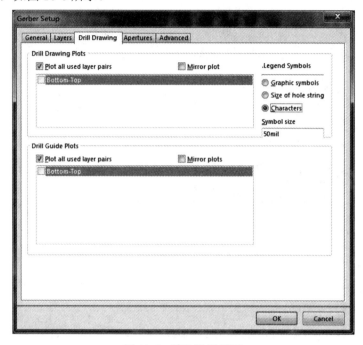

图 10-6　钻孔设置界面

（4）高级设置。高级设置主要是设置菲林的尺寸，即"Film Size"栏。根据经验，一般
只需将"X""Y""Border Size"三项均增加一个 0 即可，其他项目保持默认，如图 10-7
所示。

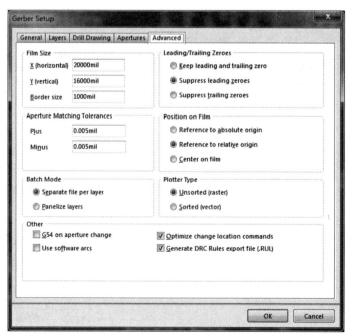

图 10-7　高级设置界面

　　这些项目均设置完成后，用鼠标单击"OK"按钮，Altium Designer 15 软件会自动生成所需的光绘文件。 默认的文件输出在项目文件(.PRJDOC)所在的目录下，软件会自动新建一个文件夹，命名为 Project Outputs for ***。

10.2.2　钻孔文件输出

　　执行命令【File】→【Fabrication Outputs】→【NC Drill Files】，打开钻孔文件输出设置界面，如图 10-8 所示。一般直接按照默认输出即可。

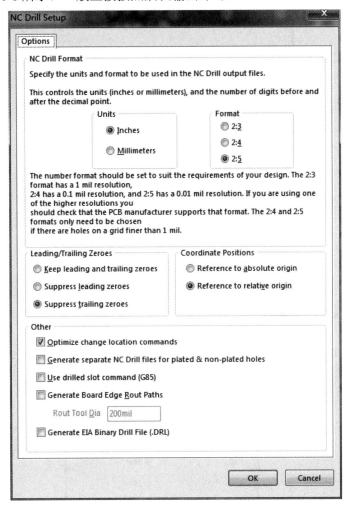

图 10-8　钻孔层设置界面

　　将输出后的光绘文件和钻孔文件一起打包，发给 PCB 工厂进行加工。

10.2.3　IPC 网表文件输出

　　IPC 网表是用来核对光绘文件和 PCB 文件是否一致的辅助性文件。

　　执行命令【File】→【Fabrication Outputs】→【Test Point Report】，打开 IPC 网表生成

界面。在 IPC 网表输出设置界面中，"Report Formats"选择"IPC-D-356A"，其他按照默认即可，如图 10-9 所示。

图 10-9   IPC 网表输出设置

10.2.4   贴片坐标文件输出

执行命令【File】→【Assembly Outputs】→【Generates pick and place files】，打开贴片坐标文件设置界面。在贴片坐标输出设置界面，选择需要的输出格式，用鼠标单击"OK"按钮即可，如图 10-10 所示。

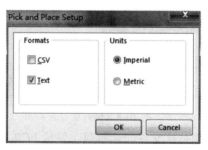

图 10-10   贴片坐标文件输出设置

10.2.5   装配图输出

执行命令【File】→【Smart PDF】，如图 10-11 所示，弹出如图 10-12 所示的对话框。

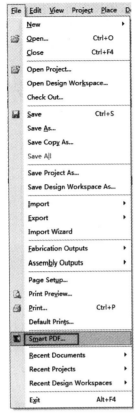

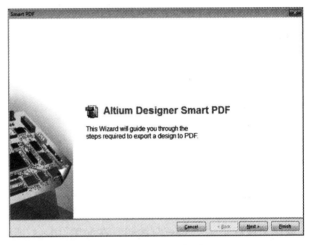

图 10-11　输出装配图步骤一　　　　　　　　　　图 10-12　输出装配图步骤二

　　用鼠标单击"Next"按钮，在弹出的对话框中进行如图 10-13 所示的设置。

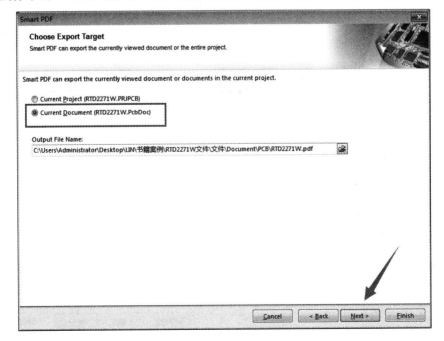

图 10-13　输出装配图步骤三

继续用鼠标单击"Next"按钮，弹出如图 10-14 所示对话框，按照图中所示进行设置。

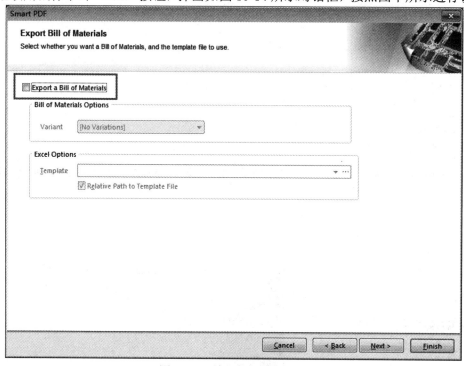

图 10-14　输出装配图步骤四

继续用鼠标单击"Next"按钮，在如图 10-15 所示的对话框中，在矩形框内部单击鼠标右键，选择"Create Assembly Drawings"命令。

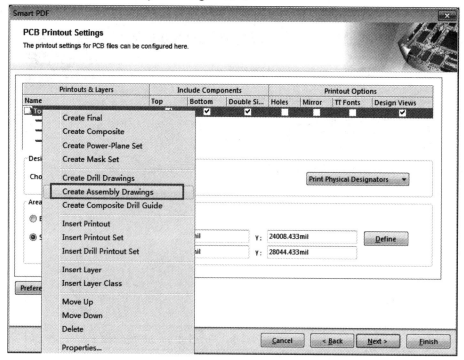

图 10-15　选择"Create Assembly Drawings"命令

弹出如图 10-16 所示对话框，用鼠标单击"Yes"按钮。

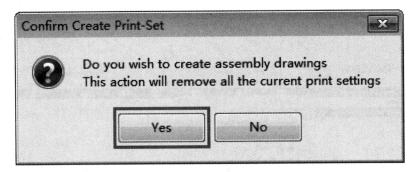

图 10-16　Confirm Create Print-Set 对话框

在随后弹出的如图 10-17 所示的对话框中，在"Top LayerAssembly Drawing"目录下，用鼠标右击"Top Layer"，再选择"Delete"进行删除。

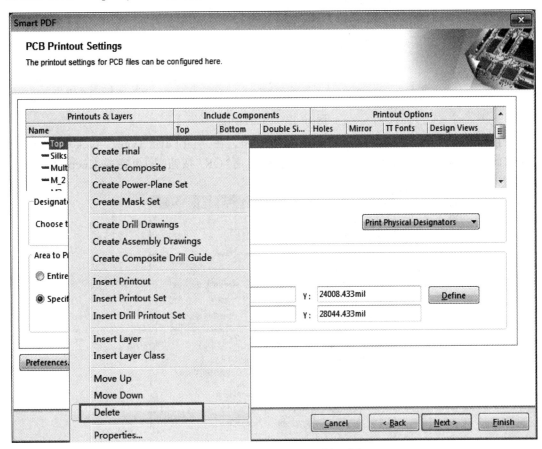

图 10-17　选择"Delete"进行删除

继续采用删除"Top Layer"的方法，依次删除其他层，使 Top LayerAssembly Drawing 目录下只有 Top Overlay，如图 10-18 所示。然后，用鼠标右击"Top LayerAssembly Drawing"，再单击"Insert Layer"，准备插入板框层和 Top Solder Layer。

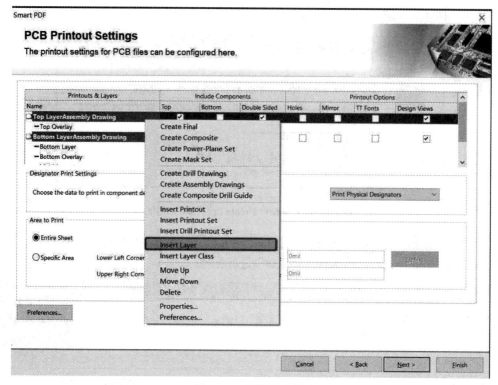

图 10-18　添加输出层

打开如图 10-19 所示的 Layer Properties 对话框，在 Print Layer Type 下拉菜单中选中板框层(此处使用 Keep-Out Layer)，然后，用鼠标单击"OK"按钮，即可完成 Keep-Out Layer 的添加。

图 10-19　添加 Keep-Out Layer

　　按照同样的操作再添加一个 Top Solder 层。Top Solder 层需要进行的设置如图 10-20 所示。

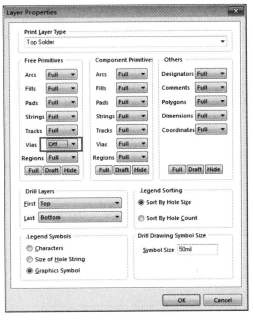

图 10-20　添加 Top Solder

顶层装配图的输出设置完成界面如图 10-21 所示。

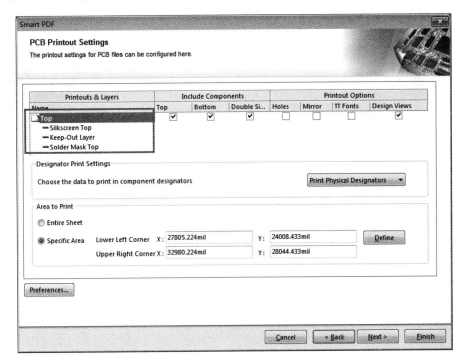

图 10-21　顶层装配图的输出设置

底层装配图的输出设置按照顶层装配图的输出设置方法即可。需要注意的是，与顶层装配图的输出设置不同的是，底层装配图的输出设置必须勾选"Mirror"(镜像)项，如图 10-22 所示，完成后，用鼠标单击"Next"按钮。

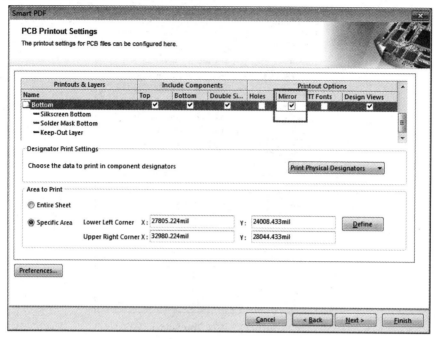

图 10-22　底层装配图的输出设置

在随后弹出的对话框中，选择装配图的颜色，这里选"Monochrome"，如图 10-23 所示，即输出的装配图为黑白色。然后，用鼠标单击"Next"按钮。

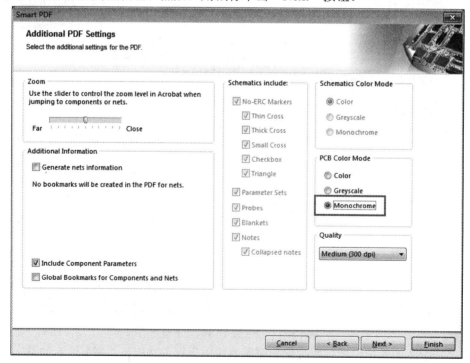

图 10-23　装配图输出颜色设置 1

在随后弹出的如图 10-24 所示的对话框中，用鼠标单击"Finish"按钮，完成装配图文件的输出。

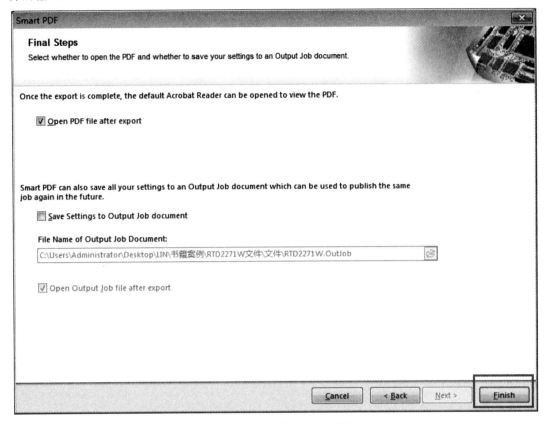

图 10-24　装配图输出颜色设置 2

【本 章 小 结】

本章向读者介绍了 Altium Designer PCB 设计后处理的知识，包括 DRC 设置、文件输出等知识。通过以上章节的学习，读者可以具备使用 Altium Designer15 进行电子产品开发的设计能力，包括元件绘制、原理图设计、PCB 设计、输出生产文件全流程的设计能力。

参 考 文 献

[1] 穆秀春，李娜，訾鸿. 轻松实现从 Protel 到 Altium Designer [M]. 北京：电子工业出版社，2011.

[2] 徐向民. Altium Designer 快速入门[M]. 2 版. 北京：北京航空航天大学出版社，2011.

[3] 周润景，李志，张大山. Altium Designer 原理图与 PCB 设计[M]. 3 版. 北京：电子工业出版社，2015.

[4] 解璞，闫聪聪. 详解 Altium Designer 电路设计[M]. 北京：电子工业出版社，2014.

[5] 黄杰勇，林超文. Altium Designer 实战攻略与高速 PCB 设计[M]. 北京：电子工业出版社，2015.